石油化工职业技能培训教材

溶剂脱沥青装置操作工

（第二版）

中国石油化工集团有限公司人力资源部 组织编写

中国石化出版社
·北京·

内 容 提 要

《溶剂脱沥青装置操作工》为《石油化工职业技能培训教材》系列之一，涵盖石油化工生产人员《国家职业标准》中对该工种初级工、中级工、高级工、技师、高级技师五个级别的专业理论知识和操作技能的要求。主要内容包括概述、工艺原理及影响因素、主要设备、装置的开停工、正常操作、事故分析及处理、环保及节能、装置防腐、溶剂脱沥青的工艺计算、溶剂脱沥青应知应会、溶剂脱沥青操作工理论和实操题库等十一个部分。

本书是溶剂脱沥青装置操作人员进行职业技能培训的必备教材，也是相关专业技术人员必备的参考书。

图书在版编目(CIP)数据

溶剂脱沥青装置操作工 / 中国石油化工集团有限公司人力资源部组织编写. — 2 版. — 北京 : 中国石化出版社,2025. 5. — (石油化工职业技能培训教材).
ISBN 978-7-5114-7818-4

Ⅰ. TE624. 5

中国国家版本馆 CIP 数据核字第 2025HW7856 号

中国石化出版社出版发行
地址:北京市东城区安定门外大街 58 号
邮编:100011 电话:(010)57512500
发行部电话:(010)57512575
http://www.sinopec-press.com
E-mail:press@ sinopec.com.cn
北京科信印刷有限公司印刷
全国各地新华书店经销
*
787 毫米×1092 毫米 16 开本 10. 5 印张 246 千字
2025 年 5 月第 2 版 2025 年 5 月第 1 次印刷
定价:45. 00 元

《石油化工职业技能培训教材》

编审指导委员会

编撰工作组

（以姓氏笔画顺序）

王瑾瑜　刘　野　杨　俊　李　强　汪　珺

张亚伟　胡金玉　赵旭飞　黄海峰

《溶剂脱沥青装置操作工》(第二版)

编审人员

主编：陈　龙(广州石化)

参编：裴丽丽(河南炼化)　　李新生(广州石化)

罗兆芳(广州石化)

审稿：申海平(石科院)　　黎家铭(广州石化)

危建波(广州石化)

前　言

习近平总书记强调，要深入实施职工素质建设工程，引导广大劳动者终身学习、不断提高自身素质，努力建设一支知识型、技能型、创新型的劳动者大军。为进一步加强石油化工行业技能人才队伍建设，更好满足职业技能培训和等级认定的需要，在2007年组编出版的《石油化工职业技能培训教材》基础上，中国石油化工集团有限公司人力资源部开展了该丛书的修订增补工作。本次教材修编工作依照人力资源和社会保障部制定的石油化工生产人员《国家职业标准》的要求，坚持以企业发展、员工需求为导向，以实用好用、简明高效为原则，瞄准重点人才、关键岗位、主要专业、主体工种，紧密结合石油化工行业生产实际，以及技术进步、技术创新、新工艺、新设备、新材料、新操作方法等要求，力求为读者提供一套具有鲜明石油石化特色的高质量职业技能培训教材。

新版《溶剂脱沥青装置操作工》在第一版的基础上，对整体框架结构进行了优化调整。重点体现在：增加了应知应会、理论和实操题库3个内容章节以提高实用性，对一些基础数据根据当前的实际情况进行了修订，对溶剂脱沥青主要技术进展进行了更新，增加了超临界溶剂回收技术、抗车辙母粒的生产应用等新技术的介绍，对装置的开停工过程进行了修订，以满足目前生产检修和安全环保需求。

由于石油化工技能培训教材涵盖的职业(工种)较多，同工种不同企业的生产装置也存在差别，编写难度较大，加之编写时间紧迫，不足之处在所难免，敬请各使用单位及个人对教材提出宝贵意见和建议，以便教材修订时补充更正。

《石油化工职业技能培训教材》编审指导委员会

二〇二五年五月

目　录

第 1 章　概述

第 2 章　工艺原理及影响因素

第 3 章　主要设备

第4章 装置的开停工

第5章 正常操作

第6章 事故分析及处理

第7章 环保及节能

第8章 装置防腐

第9章 溶剂脱沥青的工艺计算

第10章 溶剂脱沥青应知应会

第11章 溶剂脱沥青操作工理论与实操题库

第 1 章　概述

1.1　溶剂脱沥青工艺发展过程及在炼油厂中的地位与作用

溶剂脱沥青工艺的应用开始于 20 世纪 30 年代，在炼油行业的润滑油生产中，低黏度的润滑油可以通过从减压蒸馏过程中切割适当黏度的馏分制取，而高黏度的润滑油主要存在于减压渣油中，但由于减压渣油集中了原油中绝大部分的胶质、沥青质及金属化合物，这部分杂质又不能用蒸馏的方法除去；脱蜡时，由于油料黏度大，结晶过滤困难；溶剂精制时，胶质、沥青质会使萃取相和萃余相不能很好分层，从而无法得到残炭低、颜色好的高黏度重质润滑油料。丙烷脱沥青工艺的出现，有效地解决了这方面的问题，丙烷脱沥青生产出的重质润滑油原料经过脱蜡、精制后黏度指数增高。70 年代以后，由于石油资源、市场供应和环境保护的关系，全球重油过剩，对石油产品结构提出轻质化要求，特别需要以低硫燃料油取代高硫渣油燃料。于是，以减压渣油为原料，丁烷（或戊烷）脱沥青工艺生产裂化原料或加氢脱硫原料日益受到重视。减压渣油在溶剂脱沥青后得到的脱沥青油，其碳氢比降低，硫、氮含量减少，金属含量和残炭明显降低；组成中烷烃多，多环化合物少，是比焦化蜡油更好的催化裂化原料。目前，国外已经将溶剂脱沥青列为炼油厂处理渣油加工的重要装置。

总体来说，溶剂脱沥青装置在炼油厂中对于中间原料（润滑油料或催化料）的生产、产品结构调整、轻质油收率提高、重油平衡，均起着举足轻重的作用。

1.2　溶剂脱沥青装置的构成

溶剂脱沥青装置一般分为萃取和回收两个部分，其中，萃取部分决定产品的收率及质量，它包括萃取塔、沉降塔、静态混合器及相关的冷换设备、原料泵、溶剂（增压）泵等设备、工艺管线和控制系统；回收部分决定生产过程的消耗指标及加工费用，它包括临界回收塔、蒸发塔、汽提塔及增压泵、压缩机、产品泵、加热炉、冷换设备、工艺管线和相关控制系统。此外还有水、电、汽、风等公用系统和辅助流程。

1.3　典型工艺简介

1.3.1　国内溶剂脱沥青装置的典型工艺简介

1958 年，我国第一套丙烷脱沥青装置在兰州炼油厂建成投产，该类装置主要生产润滑油原料。1987 年，第一套用 C_4 作溶剂的装置在吉林化学工业公司炼油厂建成投产，该装置主要生产催化裂化原料。随后，混合溶剂在溶剂脱沥青装置中逐步得到应用。

目前，国内共有溶剂脱沥青装置 40 套左右，其中中国石油、中国石化共 22 套，中国海油宁波大榭石化 1 套，总加工能力约 1200 万 t/a。其中，茂名石化、大连石化、锦西石化、荆门石化、高桥石化、兰州炼化（一）、大庆石化、独山子石化等以丙烷为溶剂；广州石化、镇海炼化、洛阳石化、金山石化、九江石化、兰州炼化（二）、吉林石化等以丁烷为溶剂；

另外，燕山石化、济南炼化经过改造后以丙烷+丁烷为溶剂进行生产。

目前，国内溶剂脱沥青装置基本可以分为以下两类：

1.3.1.1 丙烷溶剂脱沥青工艺

丙烷溶剂脱沥青工艺流程如图 1-1 所示。

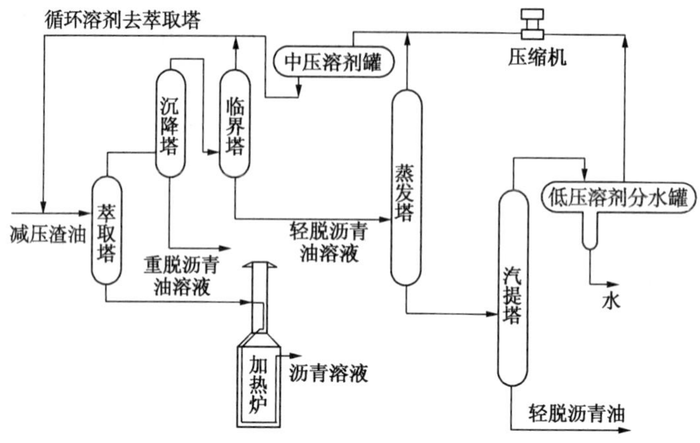

图 1-1　丙烷溶剂脱沥青工艺流程

原料(减压渣油)与溶剂混合后进入萃取塔，在塔内由于相对密度的差异，萃取相(即脱沥青油溶液)逐渐上升至塔顶，萃余相(即脱油沥青溶液)逐渐沉降至塔底。

萃取塔顶脱沥青油溶液经换热后进入沉降塔，在沉降塔内，轻、重脱沥青油溶液同样依据相对密度的差异分离，轻脱沥青油溶液从沉降塔顶经加热后进入临界回收塔。

临界回收塔顶的临界溶剂经换热、冷却后，与溶剂罐来经溶剂泵后输送的新鲜溶剂汇合进入萃取塔；临界塔底的轻脱沥青油溶液通过轻脱沥青油溶液蒸发塔、汽提塔后出装置。

从沉降塔底出来的重脱沥青油溶液经加热后，通过重脱沥青油溶液蒸发塔、汽提塔后出装置。

从萃取塔底出来的沥青溶液进入加热炉加热后通过沥青溶液蒸发塔、汽提塔后出装置。

从沥青蒸发塔顶出来的溶剂将其引进轻、重脱沥青油蒸发塔进行换热，从轻、重脱沥青油蒸发塔顶出来的中压溶剂，经空冷器、溶剂后冷却器冷凝冷却后，返回中压溶剂罐循环使用。

轻、重脱沥青油汽提塔与脱油沥青汽提塔顶出来的溶剂气体，经冷却并在溶剂分水罐内分水后进入压缩机压缩，返回溶剂罐循环使用。

目前，国内的丙烷脱沥青装置主要有以下两种类型：

(1) 低-高压萃取-临界回收操作工艺

增压泵用于输送轻脱沥青油溶液，升压后进入临界塔，且萃取塔操作压力低于临界回收塔操作压力的工艺，称为低-高压萃取-临界回收操作工艺。这种工艺的优越性是萃取塔可以在较低的压力下操作，从而降低了萃取塔的造价，降低原料泵、溶剂(增压)泵的扬程及电耗；其次，增压泵增压的不是溶剂液体，而是含有大量脱沥青油的溶剂——脱沥青油溶液，这种溶液的摩擦系数比溶剂液体小得多，从而使增压泵及其机械密封的使用寿命大大延长。此工艺尤其适用于老装置的改造。目前国内采用这种工艺的有济南炼化丙烷装置。

(2) 高-低压萃取-临界回收操作工艺

增压泵用于临界溶剂升压后进入萃取塔，萃取塔操作压力高于临界塔操作压力的工艺，称为高-低压萃取-临界回收操作工艺。20 世纪 70 年代以后，溶剂脱沥青装置采用了临界回收工艺。首先采用的就是这种高-低压萃取-临界回收操作工艺。此工艺的特点是，在高于临界压力的条件下进行萃取操作，然后降压升温至临界状态进行溶剂回收，回收的溶剂经冷却降温后返回溶剂罐。后来有些装置引进了增压泵，将临界溶剂增压后直接进入萃取塔，以降低动力消耗。目前国内的大部分炼油厂采用的是这种流程，比如：燕山石化、锦西石化、大连石化、大庆石化、荆门石化、茂名石化、兰州炼化(一)、独山子石化等。其中有些老装置由于萃取塔原设计压力低或有某种缺陷，萃取塔操作压力不易高于临界塔操作压力，使临界塔被迫降压而采用所谓的“亚临界”操作，如：燕山石化、锦西石化等。

1.3.1.2 丁烷溶剂脱沥青工艺

丁烷溶剂脱沥青工艺流程如图 1-2 所示。

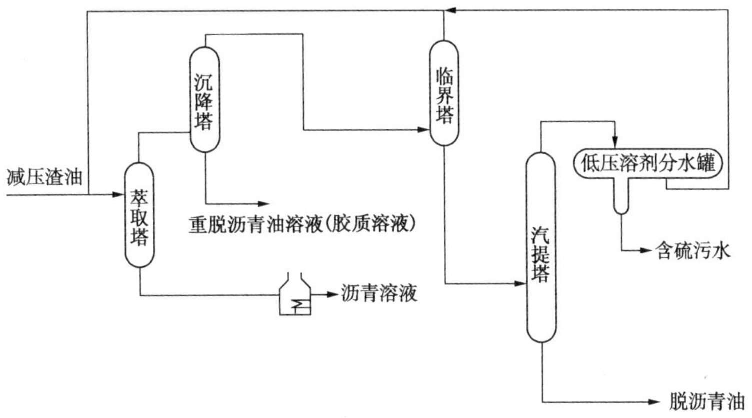

图 1-2 丁烷溶剂脱沥青工艺流程

丁烷溶剂脱沥青工艺与丙烷低-高压萃取-临界回收操作工艺相似，不同之处在于丁烷(或戊烷)回收一般采用超临界条件。其优点在于超临界回收溶剂的比例大，约占临界塔溶剂总量的 80%~90%，直接返回萃取塔(器)，形成闭路循环，温位高，便于换热回收利用。设计中采用加热炉代替蒸汽加热器，溶剂蒸发、洗涤、汽提三塔合一，此部分溶剂经冷却后直接返回溶剂罐，无须压缩机，装置设备少，脱沥青油收率高。其缺点是超临界系统设备压力高、投资大，不能生产润滑油原料，操作温度和压力确定较困难。

1.3.2 我国溶剂脱沥青的主要技术进展

经过多年的发展，我国的溶剂脱沥青技术有了较大的飞跃，取得了可喜的成绩，逐步缩短了与国际先进水平的差距，并且在某些方面已达到或领先于世界先进水平，表 1-1 列出了我国溶剂脱沥青工艺的技术发展。主要表现在以下几个方面：

(1) 重溶剂的应用

我国最初建立的溶剂脱沥青装置采用的主要溶剂是丙烷。20 世纪 70 年代，我国科技工作者对异丙醇溶剂进行了初步的研究，80 年代以来又对正丁烷、混合丁烷、戊烷、凝析油戊烷馏分、正戊醇、异戊醇、丁醇等溶剂进行了较为深入的研究，使该技术适用于多种不同的工艺。一方面，丙烷溶剂脱沥青工艺可以得到残炭较低、颜色较浅的脱沥青油，因而不易使催化裂化催化剂失活，有利于催化裂化装置的操作；另一方面，也可为润滑油生产提供优质原料。由于丁烷溶剂溶解度较大，临界温度较高，脱沥青过程可以在较高的温度下进行，有利于降低渣油的黏度，提高溶剂与渣油间的传质速率，因而脱沥青油收率较高。

（2）沉降法两段脱沥青工艺的应用

目前，国内的大部分溶剂脱沥青装置采用较先进的沉降法两段脱沥青流程。沉降法两段脱沥青的优点是在不增加溶剂比的情况下，首先利用溶剂所具有的最大溶解能力，将渣油中的油分尽可能萃取出来，然后在沉降段把脱沥青油溶液的温度升高，降低溶剂的溶解度，使胶质和芳烃部分沉降出来，在保证脱沥青油收率较高的情况下，提供不同质量的产品。其优点是：1）三种产品质量各有调节手段，操作灵活，对原料和产品变化的适应性强；2）该工艺也可在总溶剂比基本不变的情况下，将部分溶剂移至二段沉降塔底，以增加脱沥青油收率；3）流程中除采用临界回收丙烷外，还将临界回收丙烷用增压泵直接送回萃取塔，而不经降压进入丙烷罐，降低了装置的加工能耗。

（3）组合工艺的应用

溶剂脱沥青与其他加工工艺组合可以充分发挥各自的优势，提高炼油厂的经济效益。目前技术上比较成熟的组合工艺主要有催化裂化-溶剂脱沥青组合工艺和渣油热转化-溶剂脱沥青-催化裂化组合工艺等。

（4）超临界溶剂回收技术的应用

超临界溶剂回收技术获得了广泛的应用，该技术利用溶剂在超临界温度时对油的溶解能力极小的特性，使溶剂和油分离回收，在分离过程中，溶剂不产生相变，85%以上溶剂在超临界状态下被回收，剩余少量溶剂采用汽提法回收，从而与常规蒸发回收溶剂相比可降低能耗40%以上。丙烷和丁烷溶剂脱沥青技术均可采用超临界溶剂回收技术。

（5）超临界溶剂脱沥青技术的开发

我国渣油超临界流体萃取工艺的应用研究在20世纪80年代取得了实质性进展，其中石油大学对超临界溶剂脱沥青技术进行了较为深入的研究。该工艺与ROSE工艺不同之处是萃取与溶剂回收均在超临界条件下完成，而ROSE工艺萃取是在亚临界条件下完成。超临界溶剂脱沥青工艺具有如下特点：萃取传质快，萃取过程在混合器中已完成；抽出相与抽余相密度差大，沉降分离时间短；溶剂溶解度随温度和压力变化而连续变化，脱沥青油收率和质量调节方便；萃取在高温下进行，容易换热；装置能耗低，流程简单；建设一次性投资少。

（6）关键设备有了新的突破

早期的丙烷脱沥青装置萃取塔多数采用转盘塔，该塔缺点是涡流返混严重，转速难以调节，萃取效率低。目前，国内绝大多数丙烷脱沥青装置的萃取塔采用效率更高的填料塔。

表1-1 我国溶剂脱沥青工艺的技术进展

时间/年	单位	主要技术成果
1959	兰州炼油厂	第一套10万t/a丙烷脱沥青装置投产
1965	石油化工科学研究院	两段法脱沥青工艺研究成功
1965	石油五厂	两段法脱沥青工艺工业应用试验
1966	石油五厂	水力驱动式转盘萃取塔工业应用成功
1966	兰炼、石科院	丙烷临界回收工业应用成功
1967	石油五厂	增加二次萃取塔
1972	南充炼油厂	异丙醇脱沥青工艺成功
1972	上海炼油厂	丙烷萃取塔上使用沥青界面计

续表

时间/年	单位	主要技术成果
1973	东方红炼油厂	改造萃取塔沉降段加热方式
1981	石油大学	进行渣油超临界溶剂脱沥青试验
1987	吉林炼油厂	我国第一套 20 万 t/a 混合 C_4溶剂脱沥青新工艺装置投产
1990	广州石油化工总厂	引进美国 80 万 t/a DEMEX 技术装置试车成功
1990	石油大学	1.5 万 t/a 超临界溶剂脱沥青中试装置试验成功
1992	大连石油化工公司	丙烷脱沥青装置模式识别优化操作
1992	燕山石油化工公司	双螺杆泵在丙烷脱沥青装置中应用
1995	上海石油化工公司	混合 C_4 溶剂脱沥青装置建成投产
1996	济南炼油厂	增压泵应用变频调速器
1996	华东理工大学、上海石化	筛板塔渣油 C_4 溶剂脱沥青中试装置试验成功
1998	茂名石化公司	碱洗硫化氢系统和萃取系统改造
2000	兰州石化公司	脱油沥青汽提塔扩径改造

1.3.3 国外溶剂脱沥青工艺简介

1.3.3.1 ROSE 工艺

ROSE 工艺的主要特点是利用超临界流体的性质实现沥青质的分离和溶剂回收，以代替常规的蒸发回收。该工艺在萃取段完成液-液萃取以脱除沥青质，在溶剂回收段夹带着脱沥青油的溶剂经过等压升温至超临界状态，脱沥青油溶解度降低与溶剂相分离，之后不含油的溶剂经过换热降温循环使用。根据脱沥青体系和操作条件的变化，大致有 85%~93%的萃取溶剂可以不经过蒸发，而在不发生相变的情况下将溶剂冷却到合适的温度后便能循环使用。ROSE 工艺过程在节能方面有显著效果，这是因为溶剂在超临界条件下回收可不穿过两相区，所以不消耗潜热。由于取代常规的蒸发回收溶剂，因此溶剂萃取的效率和灵活性有所提高。

1.3.3.2 DEMEX 工艺

DEMEX 工艺与 ROSE 工艺都是以 C_4、C_5为溶剂，采用静态混合器及沉降塔进行恒温萃取，沉降分离，塔内不设塔盘，结构简单。不同之处是：①DEMEX 工艺萃取塔下半部通入副溶剂，以尽可能地把原料中的轻组分萃取出来，而 ROSE 工艺则无副溶剂入塔；②DEMEX工艺沉降塔底胶质一部分回萃取塔，另一部分作为产品，或全部作为胶质产品，而 ROSE 工艺则全部把胶质作为产品或与脱沥青油混在一起作为产品，此时脱沥青油品质稍差，但收率高；③ROSE 工艺增压泵位于混合器之前，所以 ROSE 工艺萃取-沉降-超临界回收塔均处于同一压力之下，萃取塔压力也处于较高压力。而 DEMEX 工艺增压泵位于沉降塔之后，这样只有超临界溶剂回收塔处于较高压力，萃取-沉降部分压力较低。总之，ROSE 工艺是对溶剂增压，温度低，流量小，增压泵操作费用较低，但由于萃取塔压力高于超临界回收压力，因而设备投资较大；DEMEX 工艺是对溶剂和脱沥青油的混合物增压，温度高，流量大，萃取塔压力低于超临界回收压力，因而设备投资较小。

1.3.3.3 LEDA 工艺

LEDA 工艺是一种低耗能技术，其主要特点是采用转盘萃取塔和双效蒸发溶剂回收流程。通过改变转盘转速和调整操作，提高溶剂的选择性和产品收率，与常规蒸发法相比可显著降低能耗。该工艺使用的溶剂是不同混合比例的 C_3 ~ C_7 轻烃（包括石脑油）。

1.3.3.4 SOLVAHL 工艺

SOLVAHL 工艺是法国石油研究院（IFP）的专利技术。其主要特点是：采用超临界技术回收溶剂；使用两台串联的萃取塔，萃取塔在有温度梯度和低线速条件下操作；脱沥青油的纯度高、溶剂温度低。

1.3.4 溶剂脱沥青产品的应用

1.3.4.1 脱沥青油的应用

（1）润滑油原料

用减压渣油作为原料生产润滑油，以丙烷或丙-丁烷的溶剂脱沥青应用得最普遍。

（2）催化裂化原料

渣油溶剂脱沥青后所得的脱沥青油，由于能脱除大部分沥青和金属等，是很好的催化裂化原料。

（3）加氢裂化原料

采用脱沥青油加氢，由于预先脱除原料中容易使催化剂中毒的重金属和沥青质，使加氢裂化能在缓和的条件下操作。

1.3.4.2 脱油沥青的应用

（1）调制沥青产品

脱油沥青中所含的硫化物及金属化合物，对制取公路建设及建筑防水材料的沥青产品质量无不良影响，而且这些产品的价格也比通常的燃料重油高，因此重溶剂脱油沥青如能用来调制道路及建筑沥青产品，是溶剂脱油沥青最理想的出路。

（2）生产燃料油

目前由溶剂脱油沥青制取燃料油的方法大致可分为：

1）用 30%~50%的轻油稀释使其成为便于输送及燃烧的液体燃料油。

2）用 10%~20%的轻油稀释使其软化点低于 100℃，然后用水乳化制成乳化燃料油。

3）直接粉碎用作固体燃料或制成沥青水浆。

（3）沥青作汽化原料

沥青经过部分氧化生产合成气为炼油厂提供氢气并为燃气轮机发电，产生蒸汽生产燃料气的气电一体化技术（IGCC）被广泛认为具有良好的发展前景。

（4）作焦化装置原料

脱油沥青经过延迟焦化装置，进一步吃干榨净，提高经济效益。

（5）生产抗车辙母粒

熔融状态的高温脱油沥青，经成型机加工后分散成均匀的液滴，然后冷却固化，形成半球形粒状成品。抗车辙母粒具有较强的整体抗高温变形能力，能提高沥青路面的抗车辙性能，有效避免低温收缩问题，具有颗粒小、不易破碎、质量好、储运方便等特点。

第 2 章　工艺原理及影响因素

2.1　工艺原理

2.1.1　溶剂脱沥青概念

选用一种低沸点的烷烃(如丙烷、丁烷或戊烷等)作溶剂，在一定条件下将原料(渣油)中溶解度较大的烷烃、环烷烃组分与溶解度较小的胶质、沥青质组分进行选择性分离的工艺过程。

2.1.2　溶剂脱沥青基本原理

一般来说，溶剂脱沥青过程中的物料分离是根据密度差原理和溶解度原理进行的。

密度差原理：在混合溶液中，由于密度小的组分会向上移动，密度大的组分会向下移动，从而实现物料分离的目的。

溶解度原理：通常来说，普通物质在有机溶剂中的溶解度存在一定的变化规律，在低温时溶解度小，随着温度升高，溶解度增大，直至两者完全互溶。但是，对于低沸点烷烃而言(如丙烷脱沥青)，当温度升至某一定值后，其溶解度的变化是随着温度的升高而降低，到达临界温度时，溶解度趋向于零，脱沥青油将全部析出。

图 2-1 为丙烷-渣油体系中溶解度与温度的关系。可以看出从 0℃以下到稍高于 20℃的范围内，丙烷分离出的不溶解物质随温度的升高而减少，即溶解度随温度的升高而增大。温度稍高于 20℃直至 40℃，丙烷和渣油都互相溶为一相。温度稍高于 40℃时，沥青、胶质和高溶点的石蜡、地蜡开始分离出来。随着温度的升高，不溶物增加，当温度升至溶剂的临界温度 97℃时，丙烷失去溶解性，与脱沥青油完全分离。由此可见丙烷脱沥青过程就是在第二个两相区的范围内进行的。溶解度的变化规律与第一个两相区完全相反。即随着温度的升高，溶解度降低，温度越高，丙烷对渣油中的烃类溶解度越弱。

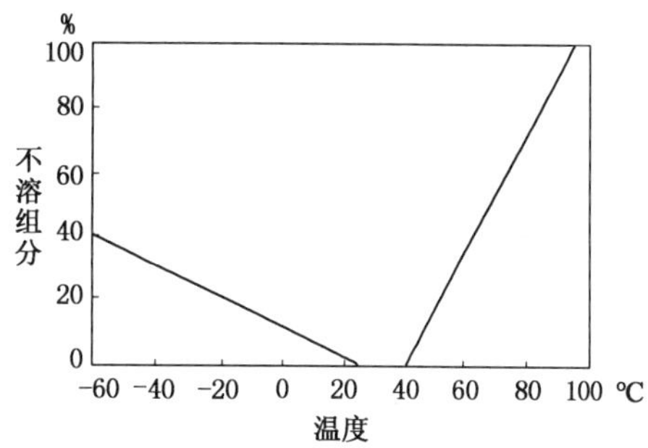

图 2-1　丙烷-渣油体系中溶解度与温度的关系

丙烷：渣油=2：1(体积比)

在第二个两相区的温度范围内，丙烷-油-胶质和沥青质的溶解关系较为复杂，与温度密切相关，如果用溶剂的密度来表示，则丙烷对渣油的溶解度与其密度呈线性关系。随着丙烷密度减少，其溶解性能降低。

丙烷对渣油中各组分的溶解度顺序为：烷烃>环烷烃>高分子多环芳烃>胶质。也可以说相对分子质量小的易溶，相对分子质量大的不易溶或不溶。

常用几种低分子烃类的主要理化性质见表 2-1。

表 2-1 几种低分子烷烃的主要理化性质

项目		乙烷	丙烷	丙烯	正丁烷	正丁烯	正戊烷
分子式		C_2H_6	C_3H_8	C_3H_6	nC_4H_{10}	C_4H_8	C_5H_{12}
相对分子质量		30.1	44.09	42.68	58.12	56.1	72.15
相对密度	气态(0℃)	1.08	1.55	1.48	2.085	2.01	
	液态 d_4^{20}	0.3399	0.501	0.5139	0.578	0.5951	0.626
沸点		-88.6	-42.01	-47.7	-0.5	-6.3	36
临界参数	温度/℃	32.27	96.8	91.9	152	146.4	196.6
	压力/MPa	4.82	4.20	4.54	3.76	3.94	3.33
	密度/(kg/m³)	204	226	232	225	234	626
爆炸极限/%		3.22~12.45	2.4~9.5	2~11.1	1.9~8.5	1.6~9.3	1.4~7.8

2.1.3 超临界萃取原理

超临界萃取是指操作条件高于溶剂的临界温度和临界压力下进行的萃取过程。

临界状态是指纯物质的气、液两相平衡共存的极限热力状态。在此状态时，饱和液体与饱和蒸气的热力状态参数相同，气液之间的分界面消失，因而没有表面张力，汽化潜热为零。处于临界状态的温度、压力和比容，分别称为临界温度、临界压力和临界比容。任何纯物质都有其唯一确定的临界状态；在大于临界压力条件下，等压加热过程不存在汽化段，液体由未饱和态直接变化为过热态；在大于临界温度条件下，无论压力多高都不可能使气体液化；在临界状态下，可能存在超流动特性。

超临界流体是指处于临界温度与临界压力以上的流体。超临界状态是物质的一种特殊相态，处于超临界状态下的物质，具有介于气体和液体之间的独特性质。

2.1.3.1 超临界流体的性质

（1）传递性

超临界流体具有与气体及液体不同的传递性质，超临界流体兼有气液两相的双重特性：既具有与液体接近的密度，使其具有与液体相当的溶解能力；又具有与气体接近的黏度和扩散系数，使其具有良好的传质传热性能。

（2）溶解性

超临界流体的溶解能力与其密度有很大关系，密度增加，溶解能力增强；密度减小，溶解能力降低，甚至丧失对溶质的溶解能力。超临界流体具有很大的压缩性，在临界点附近，温度或压力的微小变化可引起其密度发生几个数量级的变化。因此，在操作区域改变温度或压力会明显地影响体系的密度，从而改变其溶解能力。

（3）选择性

在超临界状态下，将超临界流体与待分离的物质接触，控制体系的温度和压力，选择性地萃取其中某一组分，然后通过降压或升温的办法降低超临界流体的密度，使萃取物得到分离。

总之，密度、黏度和扩散系数是超临界流体最重要的三种性质。通常超临界流体萃取的操作是在接近溶剂的临界条件(即对比温度 T_r 大于 0.95 小于 1.2)，研究证明在接近临界温度时流体有很大的压缩性，在对比压力 P_r 为 0.7~2 的范围内适当增加压力，流体的密度可迅速增大到接近普通液体的密度。一种流体的密度大小在很大程度上决定这种流体的溶剂性质，密度大的溶剂其溶解性好，偏离临界温度越远，使超临界流体达到类似液体密度的压力越高。

超临界流体的黏度受温度、压力的影响很大。超临界流体的对比黏度($\nu/\eta c$)值约为 1~3，而普通液体萃取中溶剂的 $\nu/\eta c$ 值约为 12 以上。对一定的溶剂而言，普通液体萃取其溶剂的黏度至少比超临界流体萃取溶剂的黏度大 4 倍，有时可达 20 倍以上。

超临界流体的自身扩散系数比普通液体萃取中的同种溶剂的扩散系数大 7~20 倍左右。

由此可知超临界流体具有类似液体的溶解能力。与液体溶剂相比，超临界流体的黏度小，扩散系数大，对传质和相间分散十分有利。

对比温度 T_r=0.95~1.0 的亚临界流体也表现出与超临界流体有某些相似的特性(如明显的压缩性和良好的传递性质)。有些文献中将 T_r=0.95~1.2 温度范围的流体萃取统称为临界流体萃取。

2.1.3.2 超临界萃取过程条件选择

超临界流体的溶解能力主要决定于超临界流体的密度，密度增加溶解能力增强，密度降低溶解能力减弱，以致丧失对溶质的溶解能力。在接近临界温度时，溶剂的气体密度随着压力的升高急剧增加，故萃取温度选择在接近溶剂的临界温度有利。压力一定，温度降低流体密度增大，溶解能力增强；温度升高流体密度降低，溶解能力减弱。

利用超临界流体的溶解能力随温度、压力(密度)的变化而连续变化的特点，按改变压力或温度的方法，超临界萃取可分为恒温降压、恒压升温两类原理流程。

① 恒温降压流程的特点是：萃取段和回收段保持相同的温度，抽出相经减压使超临界流体密度降低至丧失对溶质的溶解能力，达到分离溶液回收溶剂的目的，回收的溶剂经增压后循环使用。

② 恒压升温流程的特点是：萃取段和回收段的压力保持不变，抽出相经加热升温，使流体密度降低至丧失对溶质的溶解能力，分离溶液回收溶剂，溶剂经冷却至所需温度后循环使用。

2.1.4 溶剂回收原理

从萃取塔顶出来的脱沥青及塔底沥青均含有大量溶剂，需经回收供循环使用。溶剂脱沥青装置通常采用临界回收、蒸发回收、汽提回收三种方法回收溶剂。

2.1.4.1 临界回收

液体在一定温度下具有一定的蒸气压，此时升高压力能保持液体及液态存在，但当液体超过某一温度时，无论加多大的压力，它只能以气态存在，这个温度称临界温度，也就是使液体以液态存在的最高温度。临界温度下液体的蒸气压称为临界压力。根据溶剂的特性，在临界温度附近，溶剂几乎不溶解油馏分，所以使溶剂在临界条件下即溶剂呈液态的最高温度条件下与油馏分分离。

在以上溶剂回收的三种方法中，临界回收的溶剂量约占回收量的 75%~90%，由于这种回收方法始终使溶剂主要以液态存在(也有少量汽化)，不像蒸发回收那样，要使溶剂先从液态加热蒸发为气态，与油品分离，然后再使气态冷却，转化为液态，所以临界回收比蒸发回收节省大量的热量和冷却面积。

根据临界状态的不同可分为准临界回收和超临界回收两种方法。准临界回收是接近临界温度下的回收，超临界回收是稍高于临界温度、压力下的回收。

2.1.4.2 蒸发回收

组成脱沥青油的各组分以及沥青、胶质与溶剂的沸点有很大的差异，利用溶剂与溶质组分的沸点差异，在一定压力下，将它们组成的液体加热到一定温度，使溶剂蒸发，与脱沥青油或沥青、胶质分离。

2.1.4.3 汽提回收

汽提回收是根据道尔顿分压定律，在含有少量溶剂的脱沥青油、胶质、沥青溶液，通入一定量的汽提蒸气，使溶剂的分压降低，进一步汽化，从而达到回收溶剂的目的。

2.2 影响因素

2.2.1 原料性质的影响

由于溶剂脱沥青工艺过程是萃取出渣油中较轻的油组分，因而渣油的浓缩程度对脱沥青油的收率以及溶剂比等有着直接的影响。

渣油的浓缩程度取决于减压蒸馏的拔出深度，拔出率越高，浓缩程度越大，渣油中的含油分就越少，重组分则越多。拔出深度一般用渣油中500℃以前馏分质量分数、相对密度、软化点、残炭等各种不同的方法表示。

渣油中所含的油分和蜡在一定的温度压力条件下能很好地溶解于丙烷、丁烷、戊烷等溶剂之中，而胶质、沥青质和某些极性分子烃类则基本上不溶。由于某一溶剂对渣油中的油分在一定的条件下对应着一定的溶解能力，因而渣油的浓缩程度越大，所含的油分越少，脱沥青生产过程中所需要的最低溶剂用量就越少，即脱沥青过程的溶剂比就低，脱沥青油的收率就低，且相应地脱沥青油的黏度就高。脱沥青油收率希望高些还是低些，要根据原料的性质以及对脱沥青油的质量指标要求和其他因素而定，不能一概而论。为满足润滑油的使用要求，原料的闪点不能太低，此时渣油浓缩程度高些有利，但脱沥青油的总收率自然下降。脱沥青油作为催化原料时，如果催化原料对残炭要求和重金属要求控制不那么严格的话，则脱沥青油的收率高些有利于提高经济效益。

生产方案一定时，原料性质直接影响脱沥青油收率，原料轻组分多，脱沥青油收率高，反之，则低。原料的性质除了对产品收率、质量以及溶剂比产生影响外，萃取温度也相应地变化。原料越重，所含胶质、沥青质的量越多，为得到某一质量要求的产品，在溶剂和溶剂比不改变的情况下，萃取温度可相对低些。

原料性质的变化主要表现为组成的变化，从某种程度上讲，溶剂脱沥青的原料可近似分割成脱沥青油、胶质和沥青质三个组分。胶质是介于脱沥青油和沥青质之间的一种组分，它把脱沥青油组分和沥青质隔离开来，在萃取中起到一种中介的作用，原料中胶质量的多少，对萃取温度、沉降温度以及溶剂比等操作条件确立有着重要影响，胶质量越大，操作弹性越大，操作越灵活。在有些溶剂脱沥青装置，胶质在萃取塔中进行一次分配，一部分被溶剂溶解进入萃取相，一部分未被溶解而留在萃余相(沥青相)中。被溶解的胶质进入胶质沉降塔后，进行二次分配，大部分析出沉降至底部，作为循环胶质或直接打入沥青中，小部分仍溶于溶剂，而留在脱沥青油中。胶质的这两次分配取决于萃取温度和沉降温度的选择，这对产品质量的好坏及收率的大小有着重要的影响。

在其他条件不变的情况下，原料性质的改变对萃取效果以及操作的难易程度都有直接的影响。有些装置原料掺有油浆，油浆在组成上来说，除少量催化裂化轻质油外，大部分属于重芳烃、胶质组分。在减压渣油中掺入油浆，实际上增加了原料的胶质含量，使沥青量相对减少。一般来说，操作弹性会有所增加，操作比未掺油浆前要容易控制。特别是生产软沥青时，胶质的中介作用更加突出，由于沥青中胶质与沥青质的比例增加，特别是油浆中重质芳烃的加入，沥青针入度和延伸度得到明显改善。

2.2.2 溶剂的影响

2.2.2.1 溶剂比的影响

如前溶剂脱沥青原理所述，脱沥青的过程就是一个利用溶剂能较好地溶解渣油中的油分(原料中除沥青质、胶质以外的饱和烃、环烷烃、芳香烃)，但基本上不溶解沥青质、胶质而实现分离目的的工艺过程。那么溶剂的选择性溶解能力与为达到符合一定质量指标要求的脱沥青油收率需用的溶剂比关系如何？温度变化对溶剂比又会有些什么影响？现以丙烷为溶剂说明这个问题。

渣油中的胶状物质与油分本来是互溶的，当少量丙烷加到渣油中时，丙烷完全溶入渣油的油分中，形成一种混合溶液，此时并无沥青析出，继续加入丙烷，渣油中的油分浓度就更低，但当渣油中油分的浓度还未降至足够低时，由于胶状物质靠油分的溶解作用，胶质、沥青质不析出。只有当丙烷加入一定量后，渣油中油分的浓度更低时，胶状物质才会因缺乏足够的油分完全溶解它们，从而胶质、沥青质就开始从溶液中分离析出。此时溶液就分为两层，上层为脱沥青油丙烷溶液，下层则是沥青层。再继续加入丙烷，沥青继续从油分中析出下沉，脱沥青油丙烷溶液中的沥青含量将降至最少程度。值得注意的是：在沥青层中，由于沥青质、胶质黏度很大，丙烷溶剂并不能将沥青中包裹着的油分完全溶解分出，因而沥青中多少仍有油分存在，另外丙烷虽然对沥青质、胶质的溶解度很小，但毕竟仍有一定的溶解程度，所以脱沥青油丙烷层中多少仍有一些沥青质、胶质。由于这个原因，所以如果此时再继续加入丙烷，脱沥青油丙烷溶液中的沥青质、胶质不但不能继续分离析出，反而使沥青层中的胶质溶入脱沥青油丙烷层中的过量丙烷，从而使脱沥青油溶液中的沥青胶质含量增加，使脱沥青油的残炭值上升。

上述所说的溶剂量是指在一定量的渣油中加入的溶剂量，这个溶剂用量与渣油量的比值称为溶剂比，这个比值根据需要可采用质量比或体积比。

在特定的溶剂、萃取温度和原料组成时，存在着一个理想的溶剂比，在这个溶剂比时，脱沥青过程脱出的沥青胶质最多，脱沥青油的质量最好，残炭值最低。超过这个溶剂比，脱沥青油的收率提高不多，但因溶剂比增加设备负荷加大其投资及生产操作费用却可大为增大，实际生产中溶剂比的选择一般比理想溶剂比稍高些，以保证沥青产品中含有尽可能少的油分。由于减压渣油中的金属卟啉化合物主要集中在胶质、沥青质中，故脱沥青的过程也是一个脱重金属的过程，因而选择理想的溶剂比对于生产合格的催化原料也是重要的。总之，由于脱沥青原料中的C、S、N、重金属多集中在胶质、沥青质组分中，因而溶剂比的合理选择对于产品的质量控制有着十分密切的关系。一般来说，溶剂用量的确定，应在满足产品质量和收率要求的前提下尽可能地降低溶剂比。以上是以一种脱沥青油原料为例对溶剂比的讨论，但对不同原料来说，理想溶剂比的大小是不一样的，较重的原料油分较少，溶剂比就可相对小些，采用的溶剂不同，溶剂对渣油中各组分的选择性、溶解能力不同，因而为达到同样的收率和质量要求时溶剂比也不相同。

2.2.2.2 溶剂分配的影响

由于在脱沥青过程中，主溶剂、预混溶剂(稀释溶剂)、副溶剂所起的作用各不相同，因此，及时调整平衡溶剂分配的比例，也是一个不容忽视的问题。

2.2.2.3 溶剂组成的影响

在其他条件相同的情况下，脱沥青过程采用的溶剂不同或溶剂组成不同，脱沥青的效果就不同。

选择溶剂时，一是要考虑产品的质量要求；二是要考虑操作温度和压力的可行性和相应的设备投资及能耗；三是要考虑溶剂的来源是否经济方便。因而脱沥青工艺通常采用炼油厂能自身解决的 C_3、C_4作溶剂。

各种不同的溶剂，一般来说，相对分子质量越小，溶解度越小，选择性越高，在渣油中分离出胶质、沥青质的数量就越多，脱沥青油的质量就越好，但脱沥青油的收率相应就低，反之亦然。在选用选择性较高的低分子溶剂达到同一产品质量要求时所需的萃取温度往往比选择性稍差的高分子溶剂低得多。

炼油厂中脱沥青过程中采用的溶剂，大多都从炼油厂气体分馏中获得，而这类溶剂往往不是绝对纯的。溶剂的纯度不同，影响溶剂的选择性，从而对脱沥青油收率或质量产生影响。

2.2.3 温度的影响

脱沥青过程中萃取温度与烃类在溶剂中的溶解度有着密切的关系，是脱沥青过程最为敏感的参数，从而对脱沥青油的收率和质量有着重要的影响。

以丙烷为例，不同温度下丙烷对渣油的溶解能力如前面章节已做了一些论述，归纳起来有如下要点：

① 脱沥青过程是在第二个两相区中进行(见图 2-1)。

② 在第二个两相区中，溶剂对渣油中组分的溶解能力随温度的上升而下降，从低温至高温，析出的组分由重到轻。

③ 在临界状态时，溶剂完全失去对渣油中各种组分的溶解能力，即溶解度等于零。

脱沥青过程正是利用上述原理实现产品的分割和溶剂的回收。利用这个原理，不但能将渣油分为脱沥青油和脱油沥青两种产品，而且可以通过采用控制不同的温度进行分级沉降的方法，将渣油原料分离为两种以上的所需馏分(如轻脱沥青油、重脱沥青油、残脱沥青油或胶质、沥青)。

由于提高温度后溶剂对渣油中组分的溶解度降低，故在原料和溶剂用量不变的情况下，通过选择一定的萃取温度使脱沥青工艺能在较低的溶剂比情况下得到满足要求的产品收率和产品质量。对同种原料而言，一般来说，萃取温度越高，脱沥青油的残炭就越低，但收率也较低；另外，由于温度提高后，溶剂对渣油中油组分的溶解度下降，因而为保证具有一定的产品收率时的溶剂比相应更大一些。而对于不同的原料来说，原料越重，油组分越少，则溶剂比和萃取温度就可低些(在达到同一质量要求时)。

值得注意的是，在沥青与脱沥青油溶液的分离过程中，萃取温度和两者的收率与质量往往是矛盾的，例如片面地强调脱沥青油的质量而过分地提高温度的做法，不但使脱沥青油的收率下降，而且还会使沥青层含油量增加造成沥青软化点下降，不能满足应有的使用要求等。

总之，萃取温度越高，选择性越好。萃取温度应根据原料性质、溶剂比、各种产品质量要求以及工艺和设备特点综合数据考虑而定。

2.2.4 压力的影响

对于压力，传统的观点认为，在溶剂脱沥青过程中，只要压力能使萃取体系维持在液相即可，压力的高低对脱沥青油收率的影响很小。

然而，近年来，实践发现，操作压力的因素不容忽略。

① 压力对脱沥青油收率和性质的影响：随着压力升高，脱沥青油的收率提高，同时，

有利于提高沥青的质量，主要表现在沥青的蜡含量降低。

② 在低于溶剂临界温度操作时，不能忽略压力变化对脱沥青油收率的影响。对于同一种溶剂体系，在其他条件(如温度、溶剂比等)不变的情况下，脱沥青油的平衡溶解度和收率随压力升高而增加。

③ 随着体系压力的升高，总体积相应减少，萃余相体积减少。

2.2.5 界面的影响

在其他条件不变的情况下，适当提高界面控制，意味着增加停留时间，萃取及分离效果通常会有所改善。界面过高或过低都可能会造成萃余相中的溶剂含量增加，大量溶剂从萃取塔底流出，这部分流失溶剂未能发挥萃取作用，萃取分离效果降低。

第3章 主要设备

3.1 萃取塔

萃取塔的作用是实现两液相之间的质量传递，因此对其基本要求是使萃取系统的两液相之间能够充分混合、紧密接触并伴有较高程度的湍动，从而获得较高的传质效率；同时使传质后的萃取相与萃余相能够较好地分开。此外，还要求萃取塔生产强度大、操作弹性好、结构简单、易于制造和维修等。

根据结构的不同，溶剂脱沥青装置常用的萃取塔可分为以下几种类型。

3.1.1 填料萃取塔

填料通常用栅板或多孔板支承。为防止沟流现象，填料尺寸一般不应大于塔径的1/8；同时为了防止分散相的液滴在填料层入口处聚集，分散相液体的分散管应置于填料支承板以上25~50mm。在选用填料时，除了应考虑溶剂对其腐蚀性要小之外，填料的材质应优先被连续相液体所湿润，以防止分散相液滴在填料上形成小的流股而减少相际接触面积。通常，瓷质填料易被水溶液优先湿润；炭质或塑料填料易被大部分有机液体优先湿润，如聚乙烯、聚丙烯、含氟塑料等均是不亲水的；金属填料被水溶液和有机液体的湿润性能无显著差别，一般均可被二者湿润。

填料层的存在减少两液相流动的自由截面积，塔的强度下降，但是填料层除了使连续相速度分布比较均匀和减少连续相的纵向返混外，还可使分散相的液滴不断破裂与再生，使液滴的表面不断更新，可提高传质效率。

3.1.2 转盘萃取塔

转盘萃取塔结构如图3-1所示。其主要结构特点是：在塔体内壁上设有若干等间距的固定环，而在塔的中心旋转轴上水平地安装若干圆形转盘，每个转盘正好位于两相邻固定环中间，转轴由电动机通过变速器驱动而旋转。固定环将塔内分隔成若干区间，在每个区间有一个转盘对液体进行搅拌。在塔顶固定环的上方及塔底固定环的下方分别为澄清区，并在轻液进口的下面和重液进口的上面各有一层栅条板，使澄清区的液体不受转盘搅动的影响，以便使液体出塔前能更好地分层，当转盘由电动机驱动转动后，每个区间的液体沿转盘转动的方向做旋转运动，便产生高的速度梯度和剪切力，剪切力一方面使连续相产生强烈的水平方向漩涡；另一方面使分散相形成小液滴，这样就增加了两相接触面积和湍动程度，提高了传质效率。同时，转盘附近的液体，由轴向塔壁运动，当受到固定环和塔壁的阻挡后又从塔壁向塔中心运动，这样在各个区间内形成了环流运动。圆形转盘是水

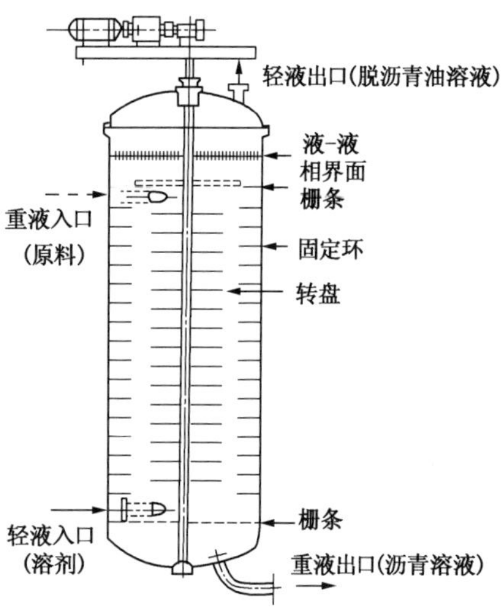

图3-1 转盘萃取塔

平安装的，旋转时不产生轴向力，轻液由下向上及重液由上向下的逆流运动仍然是以两液相的密度差为推动力。因此，在转盘塔内液体的流动状态十分复杂。

对于转盘萃取塔，分散相在连续相中的分散程度，可用转盘的转速来调节，当转盘的转速较小时，外加能量不足以克服液体的表面张力，不能使分散相液体形成较细小的液滴。当转盘的转速增加到一定程度后，分散相液滴进一步被破碎而形成较细小的液滴，这时的转速称为临界转速。此后，随着转速的增加，分散相液滴的直径减小，两相接触面积增加，液体的湍动加剧，传质效率提高。当转盘的转速增加到一定程度时，塔内产生“液泛”，破坏了塔的正常操作，这时的转速称为液泛转速。转盘萃取塔内连续相和分散相的空塔速度之和表示塔的处理能力，在一定范围内，增加处理能力，使两相接触面积和湍动程度均增加，可提高传质效率；但当处理能力提高到一定程度后会造成返混，甚至发生液泛，此时的处理能力(或空塔速度)称为液泛处理能力(或液泛速度)。对转盘萃取塔，当溶剂比一定时，液泛处理能力基本上只与反映转盘塔性能的参数有关，而该参数与转盘的能量输入成正比，故称其为输入功率因数。

转盘萃取塔操作方便，传质效率高，结构也不复杂，特别是能够放大到很大的规模，因而在石油加工和石油化工工业中得到广泛的应用。

为了便于安装和制造，转盘直径要小于固定环的内径。一般来说，转盘的直径为塔径的1/2左右，固定环的内径约为塔径的2/3。转盘间距约为塔径的1/2~1/10。目前，转盘萃取塔的规模已发展到6~8m的塔径，塔高取决于转盘数和转盘间距，转盘数取决于每个转盘的萃取分离效果和所需要的理论级数。

3.1.3 喷淋萃取塔

喷淋萃取塔(见图3-2)是结构最简单的液液传质设备，塔内无任何部件，只是在塔的上、下设有分散管，塔的两端各有一个澄清室，以供两相分层。喷淋萃取塔操作时，重液由塔顶的分散管进入塔内，作为连续相充满全塔，最后由塔底π形管流出；轻液由塔下部的分散管分成液滴通过连续相向上流动，最后聚集在塔顶而流出。根据水力平衡原理，控制塔底π形管中重相流出口的高度，可以调整两液相分界面。两液相的分界面随着重相流出口高度的降低而下降，如将重相流出口的高度降低到一定程度后，两液相分界面就可以从塔上部的分散管以上降至塔下部的分散管以下，此时轻液从塔底分散管进入作为连续相充满塔内并向上流动，而重液从塔顶分散管以液滴进入塔内作为分散相穿过连续相向下流动。由于分散管的存在，使两液相流动的自由截面积缩小，容易造成液泛。因此，当喷淋萃取塔中的液滴对连续相的相对速度为液滴自由沉降速度的75%时就会出现液泛。实际操作速度低于液滴自由沉降速度的75%，才能保证正常操作。

对分散管进行了改进的喷淋萃取塔，克服了由于分散管使两液相流动截面积缩小的缺点，并将塔的两端局部扩大有利于两液相分层，从而提高了喷淋萃取塔的生产能力。

喷淋萃取塔虽结构简单、投资小、易于维修，但由于两液相的接触面积小，传质系数不大，轴向返混现象严重，故传质效率低，大约3~6m塔高的分离效果才相当于一个理论级。

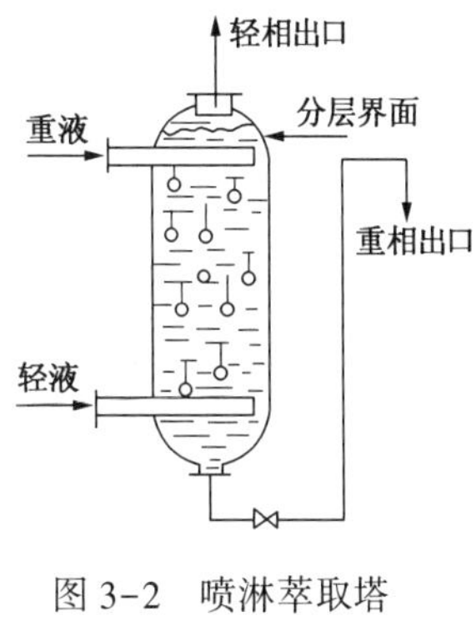

图3-2 喷淋萃取塔

3.1.4 脉动筛板塔

脉动筛板塔(见图 3-3)是指由于外力作用使液体在塔内产生脉冲运动的塔，也可称液体脉动筛板塔。其结构与气-液系统中的无溢流筛板塔相似，轻、重液体均穿过塔内筛板呈逆流接触，分散相在筛板之间不凝聚分层。周期性的脉动在塔底由往复泵造成，筛板塔内加入脉动，可以增加相际接触面积及湍动程度，故可提高传质效率。脉动筛板塔的效率与脉动的振幅和频率有密切关系，若脉动过分激烈，会导致塔内出现严重的纵向返混，使传质效率降低。因此，在液体脉动筛板塔中，脉动振幅的范围为 6~50mm，脉动频率的范围为 30~200 次/mm。脉动筛板塔的传质效率很高，结构也不复杂，但允许通过能力较小，在工业生产上的应用受到一定限制。

3.1.5 振动筛板塔

振动筛板塔(见图 3-4)的基本结构特点是：塔内无溢流的筛板不与塔体相连，而是固定在一根中心轴上。中心轴由塔外的曲柄连杆机构驱动，以一定的频率和振幅往复运动，当筛板向上运动时，筛板上侧的液体经筛孔向下喷射；当筛板向下运动时，筛板下侧的液体经筛孔向上喷射。因此，振动筛板塔与脉动筛板塔类似，可以大幅度增加相际接触面积及湍动程度，提高传质效率；但两者作用原理不同，脉动筛板塔是利用轻、重液体的惯性差异，而振动筛板塔基本上起机械搅拌作用。为防止液体沿筛板与塔壁间的缝隙短路流过，可每隔几块筛板设置一块固定在塔内壁上的环形挡板。

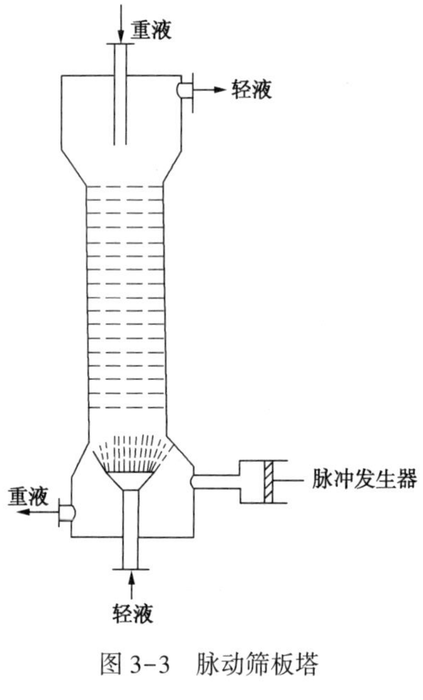

图 3-3 脉动筛板塔

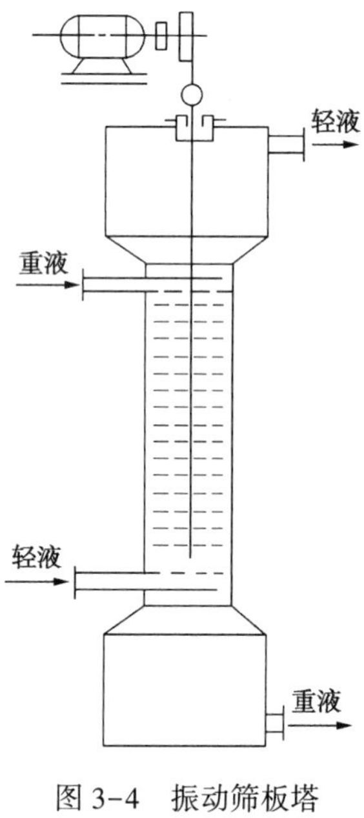

图 3-4 振动筛板塔

振动筛板塔操作方便，结构可靠，传质效率高，在中小型石油化工装置上的应用广泛。由于机械方面的原因，塔的直径受到一定的限制，因此不能适应大型石油化工生产的需要。

3.1.6 筛板萃取塔

液液萃取所采用的筛板塔(见图 3-5)结构以及塔内两液相流动情况，与气液传质过程所采用的筛板塔类似，即轻相从塔底进入、从塔顶流出，重相则相反，且两液相在塔板上呈错流流动；只是两液相的紧密接触和快速分离要比气液两相困难得多。若轻液作为分散相，它穿过塔板上的筛孔时分成液滴向上流动，液滴通过塔板上的重液层进行质量传递，然后进入重液层上面的空间聚结成清液层。该清液层在两相密度差的作用下，经上层筛板再次被分散成液滴而通过该板上的重液层。重液作为连续相横向流过塔板经降液管流至下层筛板。若重液作为分散相，则须将每层筛板上的降液管改为升液管，此时轻液作为连续相横向流过塔板上方的空间，经升液管流至上层筛板上方的空间，而重液相从上向下穿过每层筛板上的筛孔形成液滴而通过连续的轻液层。

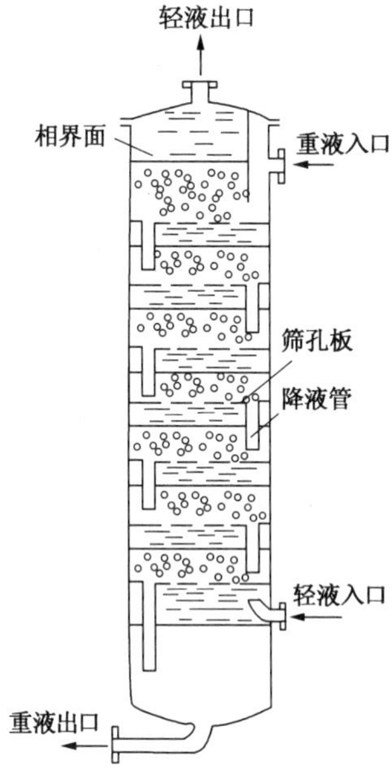

图 3-5　筛板萃取塔

为使分散相产生较小的液滴，筛板上的筛孔直径一般较小，通常为 3~9mm，孔间距可取孔径的 3~4 倍。板间距为分散相通过筛孔提供了推动力，并且为两液相混合、接触和分层提供了空间，工业上所用的筛板萃取塔，其板间距为 150~600mm。由于液-液系统两相的密度差比气-液系统要小得多，因而降液管内的液滴夹带现象要比气-液系统的气泡夹带严重得多。为了避免降液管内严重的液滴夹带现象，除了在筛板上液体出口前的区域内不设筛孔外，降液管横截面积要设计得足够大，以使降液管内连续相的流速小于某指定尺寸的液滴沉降速度。由于筛板上连续相的液层较厚，故筛板上不必设出口堰。筛板塔内分散相液体被分散成液滴然后液滴又凝聚的过程反复多次发生，同时塔内多层筛板抑制了塔内的轴向返混，因此筛板萃取塔的传质效率较高。

3.2　静态混合器

静态混合器(见图 3-6)实际上是一种管道萃取塔。一般由单孔道左、右扭转的螺旋片组焊而成。原料在混合器内与溶剂进行多级混合后进入萃取塔，在塔内实现两相分离。

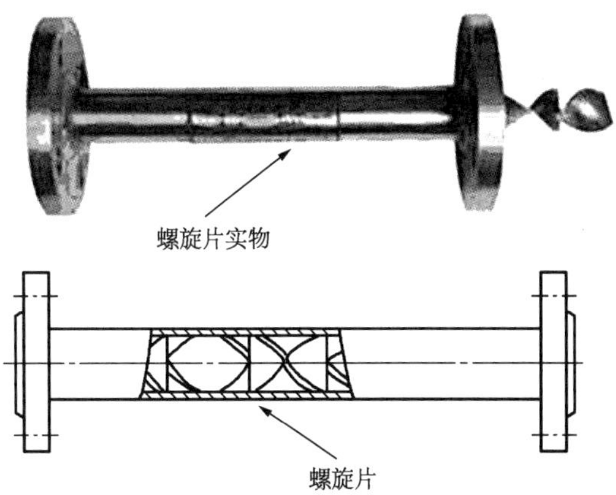

图 3-6　静态混合器

3.3 溶剂增压泵

溶剂增压泵一般采用分段式多级离心泵，下面以某炼油厂溶剂脱沥青装置溶剂增压泵为例进行介绍。该泵型号为4WWB-119(F)，采用单端面串级密封、封油装置及 Trico 恒位注油器。其主要特点是泵各段集中装于一筒形泵体之中，消除段与段之间的泄漏。泵的密封则采用串级密封形式，并采用自冲洗系统与常压外冲洗系统(封油系统)分别对内外密封进行冲洗。安全密封即外密封的采用，既提高密封的可靠性，也增加安全性。系统设置方面主要有以下几个特点：一是外部密封采用常压外冲洗系统即封油系统对密封进行冷却、润滑，并在封油罐上设有压力报警仪及封油液位报警仪，以确保密封自身安全并监视密封情况。二是泵内部密封自冲洗系统所用的介质是从该泵出口引出的并经旋液分离器净化后的溶剂，从而防止杂质对密封端面的磨损，而且给密封带来良好的冷却作用，提高密封的可靠性，延长密封的使用寿命。三是泵的平衡线直接接至入口罐即溶剂罐，而不是返回泵入口，从根本上避免国产溶剂泵平衡液因吸收泵的摩擦热与搅拌热而可能有气相进入泵入口引起的气蚀现象，保证泵的平稳运行。

3.4 脱沥青油增压泵

3.4.1 进口增压泵的特点

目前，溶剂脱沥青装置增压泵多为进口泵。下面以某炼油厂溶剂脱沥青装置增压泵为例，介绍进口增压泵的特点。该泵是1993年从英格索兰公司引进，型号为6×15CGT，它属于两级离心泵。因该泵采用单端面串级机械密封，密封效果较好。该泵还为密封设自冲洗系统及常压外冲洗系统，以冷却、冲洗内外两个密封端面。自冲洗系统介质原为从泵出口引出，分别对前后两个内部密封进行冲洗，由于该介质温度较高，后改为以溶剂为介质，自溶剂泵出口溶剂线引出对内部密封进行冲洗，降低密封的磨损，延长了密封的使用寿命；常压外冲洗系统采用的是 John-Crane 热虹吸器，利用热虹吸原理使系统内的润滑油循环流动，以冷却、润滑外部密封。泵的轴承润滑油系统采用了 Trico 恒位注油器，便于维护操作。

3.4.2 磁力传动增压泵

增压泵是溶剂脱沥青装置的关键设备，多数溶剂脱沥青装置均采用进口增压泵。1990年兰炼机械厂研制成功大型磁力传动增压泵，并在兰炼溶剂脱沥青装置中投入使用，填补了国内该设备生产的空白。

(1) 磁力传动增压泵的基本结构和技术原理

磁场具有可以穿过空气隙和金属或非金属薄壁的特征，利用这一特征，将磁力传动器组件的内磁缸装在泵轴的右端，采用一个带法兰的筒式密封隔离套，套在内磁缸的外部并与泵盖紧密相连，这样就由隔离套和泵体、泵盖等零件将带有叶轮和内磁缸的转子完全密封。外磁缸装在电机轴上并套入隔离套外面适当位置，当外磁缸随电机旋转而运动时，磁场透过空气隙和隔离套薄壁与内磁缸磁场耦合，将动力传动给泵转子，产生旋转运动而使泵工作。

磁力传动增压泵的主要构件有：泵体、叶轮、轴承、磁力传动器(磁缸、隔离套)、冷却器等。磁力传动器是该泵的重要构件和根本特征。

（2）磁力传动增压泵的特点

磁力传动增压泵的运行有如下优点：由于被驱动的转子轴端不伸出泵壳外，不存在轴的动密封，实现了安全无泄漏；采用了具有自润滑性能的轴承材料和合适的轴承结构，因而不需要加任何润滑油。该泵操作简单，维护方便；由于该泵无机械密封，便可避免因机械密封故障而引起的频繁检修，运转周期可大大延长，节约了大量的人力和检修费用。

3.5 溶剂压缩机

溶剂压缩机多为活塞式压缩机。根据气缸轴线在空间的位置，压缩机总体结构型式可分为立式、卧式和角度式压缩机。卧式压缩机又可分为一般卧式、对称平衡型和对置式压缩机。

3.5.1 立式压缩机

立式压缩机气缸轴线在空间呈直立布置。其主要优点是：活塞做上下垂直运动，活塞重量不作用在气缸镜面上，活塞与气缸、活塞杆与填料之间磨损较小且均匀；气缸在中心线方向的变形不受附加约束，可以省去气缸的辅助支撑装置，有利于改善气缸的受力条件；压缩机往复运动惯性力沿气缸轴线方向垂直作用于基础，基础受力条件好，基础小。机身主要承受拉压载荷，受力情况较好，机身较轻便；由于气缸是直立放置，易于使润滑油沿气缸摩擦面均匀分布，有利于改善润滑条件；气缸拆装较方便；结构紧凑、占地面积小。其主要缺点是：列与列之间汽缸间距小，气阀与级间管道布局较拥挤，维护不便；整个机器空间高度较高，不利于操作维护；曲轴箱及传动机构位于机器下部，拆装较困难。立式压缩机多为中小型，级数也不宜过多。

3.5.2 卧式压缩机

这种压缩机气缸都在曲轴一侧。只有一个气缸轴线的为单列压缩机，其动力平衡性很差，压缩机转速较低，机器笨重。有两条气缸轴线的型式通称为“Ⅱ”型压缩机，其动力平衡性能虽然比单列好，但仍不够理想，往复惯性力总有一部分不能平衡，且有惯性力矩存在。一般卧式压缩机的主要优点是：机器空间高度低，布置宽敞整齐，管路配置方便，便于维护管理，传动机构拆装较方便。其主要缺点是：惯性力平衡性较差，转速低，一般转速为100~300r/min，机器及驱动装置较笨重，基础较大且受力条件也较立式差，当级数较多时气缸及活塞结构复杂，制造和装配工艺较麻烦。这种压缩机除过去沿用下来的老产品之外，现在很少生产，目前只在小型高压场合仍被采用。

3.5.3 对称平衡型压缩机

对称平衡型压缩机的气缸分布在曲轴两侧，相对列的曲拐错角为180°，相对列活塞对动运动。在大中型压缩机中，对称平衡型压缩机是比较先进的结构型式。

对称平衡型压缩机的主要优点是：由于相对列往复运动质量为对动运动，若各列往复运动质量相等，则往复惯性力可以完全平衡，由于相对列布置在曲轴两侧，列间距很小，故往复惯性力矩很小，几乎为零。因此机器转速较高，一般为250~1000r/min，从而使机器和基础尺寸小，重量轻。由于相对列活塞力方向相反，可以互相抵消，因而改变了主轴颈的受力情况，有利于减少磨损，提高轴承使用寿命。对称平衡型压缩机可以采用较多的列数，使每列串联的气缸数较少，有利于拆装。

对称平衡型压缩机的主要缺点是：运动部件及填料数量较多，机身和曲轴箱结构较复杂，气体的泄漏部位增多，损失较大，由于转速高，气阀和填料的工作条件较差。对于两列对称平衡型压缩机来说，还存在切向力不均匀的缺点。但是，综合分析比较，对称平衡型在大型压缩机中优点是显著的，是一种普遍采用的型式。

3.5.4 对置式压缩机

对置式压缩机的各列气缸轴线同心布置在曲轴两侧。它主要适合于超高压压缩机。它除具有一般卧式压缩机的特点之外，在超高压条件下，当气缸布置合理时，不但气体力可以得到较好平衡，而且切向力比较均匀。此外，由于各列同心布置，从而使列间无活塞作用力矩产生，在超高压条件下，不但改善运动机构的受力条件，而且在规定曲轴转向的条件下，可以使十字头上的侧压力始终作用在下滑道上，提高运动的平稳性，有利于保证填料函密封可靠。

对置式压缩机的结构方案，针对超高压的特点，有其独特的优越性，故在超高压压缩机中被普遍采用。

3.5.5 角度式压缩机

角度式压缩机各列气缸轴线呈一定夹角布置。按气缸轴线夹角布置形式，角度式压缩机包括 V 型、W 型、L 型、S 型等不同型式。它们的特点介于立式和卧式压缩机之间。机器结构比较紧凑；气缸间配管及检修空间也较宽阔；角度式压缩机各列共用一个曲拐，曲轴结构简单，可用滚动轴承；惯性力平衡情况较好，一阶往复惯性力可用加平衡重方法予以部分或全部平衡。在角度式压缩机中，L 型更具有优势，基础受力较好，切向力也较均匀，机器转速较高，整机紧凑、便于管理。角度式压缩机多为中小型。

3.6 沉降塔

沉降塔在具有两段萃取工艺的溶剂脱沥青装置中比较常见，分为卧式和立式两种。内部结构上，有的是空塔，有的设置筛板，有的安装填料。一般采用的材质为耐冲刷腐蚀的高强碳钢或其他合金钢。

第 4 章　装置的开停工

4.1　装置的正常开工

从新装置水联运结束或装置检修后开工视为正常开工，主要包括：设备及管线试压、收溶剂建立溶剂循环、建立产品系统柴油循环、产品系统渣油置换柴油、投料及调整操作等几个阶段。

4.1.1　设备及管线试压

当水联运结束后即可向萃取塔、(超)临界塔、产品蒸发塔、加热炉、溶剂罐及相关冷换设备装水，直至塔、容器顶高点放空见水，赶尽存气。关闭塔、容器、管线的相关阀门，特别注意压力表手阀打开，安全阀前阀一定要关闭。

试压时根据各系统的压力不同，采取分段试压。启动打压泵，使试压系统压力平稳上升。压力升至试压压力(一般为操作压力的 1.25 倍)时，保持 20 分钟，正常后再降至操作压力下检查。试压合格标准：全系统无损坏、渗漏、变形等现象，压力表指示不下降。试压过程中系统所用的仪表(包括现场表)要投用试压。进水应把设备管线中的空气排尽。需要打开的手动阀或自动阀，除特殊要求外，都要处于全开状态。注意电机电流不得超过额定值，必要时停止运行。试压中发现泄漏要及时处理，然后再重新试压，直到合格为止。整个试压过程要统一安排，确保严格按试压方案进行，必须有可靠的泄压点，并有专人看护，任何情况下都不得超压。试压结束后，要进行泄压至常压。

4.1.2　收溶剂建立溶剂循环

(1) 准备工作

水试压完毕后，萃取、(超)临界、蒸发系统内的水暂不排放，及时补入氮气，保持一定压力。收溶剂之前溶剂冷却器投用，加热器稍开。联系溶剂罐区，准备足够量的溶剂，并做好溶剂组成分析。关闭所有设备、管线放空阀门。投用所有设备的安全阀，收溶剂退水时现场要有专人看护。联系校验有关仪表正常。

(2) 收溶剂退水

溶剂罐及高压系统收溶剂前，一定要分析罐内氧含量<0.5%，再收溶剂。有的装置开工时采用氮气，先赶水，好处是大幅降低对污水处理负荷，更符合环保要求，且更好避免空气吸进系统，但耗氮气；有的则直接收溶剂退水，赶空气，这样做会有赶水和赶空气时产生的监护风险，并产生大量污水，好处是节省氮气。有压缩机的装置，低压汽提系统通过蒸发塔底分别向后放溶剂至压缩机入口罐顶排空气，见有溶剂波纹为止。退水时应该充分利用虹吸原理和升温汽化将余水脱除。当系统退水结束，溶剂改正常流程进入萃取塔、(超)临界塔和溶剂罐，当萃取塔及(超)临界塔装满溶剂时，有的装置是超临界罐不收溶剂。溶剂罐收液位至 50%时，即可停止收溶剂。准备启动溶剂泵建立溶剂循环，具体退水收溶剂流程依各厂情况而定。

收溶剂前一定要履行“三级检查”制度，详细检查流程，确保系统压力高于溶剂在该温度下的饱和蒸气压，经过装置技术人员确认无误后才打开界区收溶剂。收溶剂要逐条管线进行，并注意每台设备顶部放空，底部切水。收溶剂的速度要控制，防止溶剂急剧汽化造成管线冻凝堵塞甚至冻坏设备事故，防止放空产生静电。各放空口切水、排气有专人看管。

（3）建立溶剂循环

① 建立溶剂小循环。试运检查溶剂泵，先经泵出口循环线返回溶剂罐。目的是初步检验溶剂泵的运行情况，适当提高溶剂罐压力，为溶剂大循环做准备。运行期间注意检查泵运行状态，各参数是否正常等，并要注意由于打循环时溶剂罐溶剂温度上升而造成压力上升，及时排放不凝气到火炬，避免溶剂罐超压。溶剂泵运行 2 小时后，确定溶剂泵无问题方可开始向高压系统打入溶剂。

② 建立高压系统溶剂循环，是指把整个溶剂系统运转起来，经过升温升压过程，检验高压系统设备是否正常、增压泵运行是否正常，并排干净高压系统内的水及不凝气、氮气，慢慢达到投料条件。

③ 建立高压溶剂循环的主要步骤：a. 溶剂泵正常后改通补充溶剂流程，通过流控阀调控向高压系统打入溶剂量，为了保证高压系统压力能平稳可控地上升，高压系统必须有流程通过控制返回溶剂罐的溶剂流量。b. 在开增压泵时，一定要确保增压泵入口压力高于溶剂在该温度下的饱和蒸气压，使溶剂在泵内不会产生汽化。在开启增压泵正常后，通过调整流量，使溶剂循环量加大。c. 脱沥青油炉开始点火升温，在升温过程中应同时配合溶剂循环量的加大。分阶段恒温恒压检查整个高压系统设备运转情况是否正常，有无泄漏，仪表指示是否准确，调节阀是否好用，每一阶段各参数正常后才能继续往后升温升压。d. 在高压系统升温升压过程中，通过返回溶剂罐流程，把高压系统内的水和氮气赶回到溶剂罐内分离，按现时环保要求，禁止直接排放污水及不凝气，所以溶剂罐内的水送至污水汽提处理，罐顶不凝气及氮气排至火炬回收。e. 随着高压系统升温，返回溶剂罐溶剂要开始退回一部分至罐区，待高压系统各参数达到投料阶段的指标。

4.1.3　建立产品系统柴油循环

① 低压系统先用蒸汽吹扫赶净空气并试压，停汽后可充入氮气进原料罐及汽提塔内维持系统正压，避免吸入空气，并投用管线及仪表伴热，准备收油。

② 在溶剂循环同时，联系调度，柴油罐及原料罐收柴油，有些装置原料罐直接收蜡油，启动机泵，建立低压产品系统柴油循环(或蜡油循环)。一是检验低压系统流程及设备，检查仪表、调节阀是否正常；二是利用柴油将系统中的存水带到汽提塔蒸发脱水，以免进渣油后管线存水造成原料泵抽空，严重时原料罐突沸，导致整个低压油循环中断。

③ 柴油升温过程不能过快，根据柴油与水沸点不同，在汽提塔中使水汽化从塔顶带走，而柴油由塔底泵经冷却抽回原料罐循环。

④ 柴油循环水，应确保系统中设备副线及其他支线都冲洗过，避免死角存有水。

⑤ 确认低压系统中存水脱干净后(可采样分析)，联系调度引渣油入装置置换柴油，装置改外循环。

⑥ 渣油置换柴油时，应反复置换副线及死角位，确保系统内柴油置换完全，可通过放样检查确认。注意柴油可导致溶剂中毒。

⑦ 低压渣油循环改内循环，加热炉继续升温，当汽提塔温度超过 200℃，可给上汽提蒸汽，并逐步把各参数提至投料阶段。

⑧ 注意柴油与渣油由于相对密度不同，会导致液面指示存在偏差。

4.1.4　产品系统渣油置换柴油

确认产品系统脱水干净后，联系调度，收减压渣油置换柴油，建立产品系统渣油循环，为投料做准备。

4.1.5 投料及调整操作

(1) 投料前准备

确定原料进装置线贯通后，在边界建立外循环运行正常；确定产品出装置流程已贯通；确定所有管线伴热已经给上。

(2) 投料调整操作

当装置溶剂、柴油、燃料油等系统循环正常后，温度、压力达到工艺指标要求，设备运行及仪表控制无问题后，即可原料改进萃取塔，调整各塔温度、压力、液(界)面及塔底流量与溶剂比，按照工艺卡片要求生产合格的产品。努力控好产品质量，及时联系检验分析部门采样分析，产品合格后联系调度改进合格产品罐。投料过程风险：1)投料过程中最易产生高压系统压力波动，所以原料进入萃取塔时提量不可过快；2)向沥青质和胶质返量时极易引起炉温波动和背压波动，所以开始返量时也要缓慢进行。

4.2 新建装置的开工

溶剂脱沥青装置的首次开工除了正常开工的几个步骤外，一般还包括装置的竣工检查验收、设备的单机试运、设备管线吹扫及流程贯通、水冲洗、水联运及仪表调试等几个阶段。

4.2.1 竣工检查验收

新装置建成后对系统工艺、设备、仪表、电气、安全、环保、消防、工业卫生设施等进行全面检查。竣工检查验收的内容包括如下几个方面。

(1) 装置整体检查

检查地面平整，无杂物，无塌陷。电缆沟(槽)内无积水、杂物，盖板齐全。排水沟(槽)内无杂物，盖板齐全。各种水井盖板齐全，内无杂物。梯子、平台、护栏稳固，无缺陷，安全可靠。设备及管线防腐、保温、伴热良好，涂料油漆符合要求。照明灯具齐全，消防器材布局合理，消防道路畅通。操作室内装修、通风、光线良好，窗明几净。

(2) 工艺流程检查

检查主要工艺流程，包括原料系统、萃取系统、溶剂回收系统、调和系统及相关换热流程、工艺管线，包括介质走向、管线管径、阀门、法兰，垫片齐全，法兰紧固，保温、伴热良好，支吊架稳固。测量、控制、指示仪表均与设计相符无误。检查辅助工艺流程，包括水、汽、风、燃料油、燃料气系统，收送溶剂线、安全阀放空线、柴油线、污油线等齐全，满足正常生产及开停工要求。

(3) 冷换设备检查

核对设备型号、规格、位号与设计图纸相符。进出设备工艺流程准确无误，热电偶、压力表、放空阀、浮头丝堵、螺栓、阀门、法兰、垫片等齐全、紧固。蒸汽单向阀、疏水器、放空阀齐全，冷却器上下跨线、放空齐全。地脚螺栓齐全紧固，设备无倾斜，油漆、保温良好。空冷风机、电机安装符合要求，手推动风扇，无卡阻、无倾斜。

(4) 塔与容器检查

检查塔与容器的铭牌标识是否与设计图纸相符。塔与容器内塔盘、填料、构件安装符合要求，内无杂物，塔底出口防涡板段及塔顶过滤网(或破沫网)等齐全。塔与容器附件，如安全阀、单向阀、放空阀、界(液)位计、转速器、热电偶、测压计等齐全好用。塔与容器入口、进料口、抽出口等阀门、法兰、垫片齐全，螺栓紧固。放样口、界(液)位检查口齐全。

(5) 加热炉检查

主要检查炉体、对流室、辐射室、吹灰器、烧焦线、烟道挡板、燃烧器、火盆、风门、保温及油、气供给系统。加热炉炉膛及烟道内无杂物，衬里完好，保温层、耐火层及膨胀缝符合设计要求。炉管及回弯头需抽查测厚。炉管光洁，构件齐全，测温、测压计安装正确。看火门、防爆门、烟道挡板开关灵活，方向明确，操作方便。炉管烧焦、炉膛灭火、消防蒸汽、对流室吹灰蒸汽等蒸汽系统流程齐全。燃料加热系统，长明灯、阻火器齐全，符合要求。加热炉燃烧器型号与油、气位置安装正确，零部件齐全。

(6) 机泵检查

检查机泵、电机铭牌参数是否与设计相符。出入口线配管横平竖直，支吊架齐全可靠，流程准确无误，压力表、温度计、油杯、油位计、放空阀、单向阀、过滤网(器)、对轮罩齐全。循环水畅通，封油、冲洗油及油路报警系统安装正确，地脚螺栓紧固。电机接地、电流表开关良好，泵区照明良好。压缩机房内通风设施齐全好用。压缩机附件、安全阀、温度计、压力表等齐全。压缩机流程正确，注油器、齿轮油泵完好，汽缸上下水畅通，机房内汽幕好用。所有机泵盘车灵活，无卡阻现象。

(7) 仪表及自控系统检查

检查现场热电偶、调节阀、孔板、取压点、流量计、各种导线保护套管、隔离罐等齐全，保温伴热良好。总控室内仪表开度与现场调节阀阀位开度相对应。压力、液位、可燃气体等各种报警试验正常，灵敏可靠。总控室内仪表或计算机控制系统数据采集、显示、报警等功能正常，控制流程图画面清晰，便于切换与操作。

4.2.2 设备的单机试运

通过单机试运，初步了解和掌握设备的性能。可以检测出设备安装与调试的质量，确保设备运行安全。单机试运包括以下几方面内容。

(1) 电机的单机试运

将电机与所连接设备分离。电机正、反转方向测试，空载电流测定，绝缘电阻、接地电阻测定。供电单独运行 24 小时、无噪声、电机内无异味、轴承温度、电机空载振幅正常。根据电机铭牌检查电源电压、接线是否正确。检查电机外壳接地或接零保护是否符合要求。

(2) 空冷风机的单机试运

空冷风机一般有两种类型：电机与风机直联、电机与风机皮带连接。手动盘车，风机转动灵活，无卡阻现象。轴承处加注规定润滑油脂。电机支架与螺栓紧固。启动电机，观察风机旋转方向是否正确。连续运行 24 小时，电机轴承温度、风机横向振幅、声音正常。

(3) 压缩机的单机试运

加注润滑油。安装好温度计、压力表，打开压力表阀。检查汽缸阀盖螺栓、电机地脚螺栓、接地线。检查循环水，打开安全阀前后手阀。联系电工、仪表工送电，启用仪表。

① 压缩机空运。手动盘车 2~3 圈，并将平衡重锤置于最轻位置，启动压缩机，注意听各部位声音有无异常。检查一、二段缸出口压力，温度，电机电流，曲轴箱，一、二段缸瓦鲁的工作情况。检查电机电流，管线、设备振动是否正常。

② 压缩机的带负荷运行。空运时检查无问题后即可带负荷运行。方法是拆开压缩机一段入口阀法兰并加设过滤网，在二段缸出口管线上放空，顺次打开二段出口阀、二段入口阀、一段出口阀、一段入口阀，注意控制压缩机电流。检查一、二段缸出口压力，温度是否

正常。检查一、二段缸填料密封情况，如填料过紧，出现过热冒烟现象，可暂时停机，待密封处冷却后再开机，同时检查注油器各注油点注油情况及密封处的润滑情况。一般带负荷运行 24 小时后，无问题即可备用。

(4) 吹灰器的单机试运

以电动蒸汽吹灰器为例。检查现场安装是否符合设计要求。对各转动部位加注规定牌号润滑油脂。手动盘车，使吹灰管旋转 360°，无卡阻现象。引进 1.0MPa 蒸汽，对管线试漏检查。联系电工送电。空载试运：当行程开关滚轮与撞块顶点相接触时，吹灰器应处于停止状态，并检查滚轮位置，使凸轮落入凹槽内，以确保蒸汽全部关闭，否则，可调整齿轮的安装位置。空载试运无问题后，引入蒸汽，并检查法兰、盘根的密封情况，合格即可投入使用。

此外，目前工业上应用次声波、声波和超声波吹灰器，使用非净化风或蒸汽做吹灰介质，使用效果也较为理想，但投资偏高，它们的单机试运应先核对铭牌参数是否与设计相同，安装质量合乎要求，启动后引风或蒸汽连续运行 8 小时正常，即可备用。

(5) 蒸汽往复泵的单机试运

以双缸双作用蒸汽往复泵为例。蒸汽往复泵汽缸加注汽缸油。检查汽缸蒸汽出入口流程及泵出入口流程。汽缸底部阀门打开，放净存水，见汽后关闭。顺次关闭蒸汽出入口阀。空运时汽缸活塞行程到位，运行平稳。泵体引入水或柴油后，双缸吸、排量正常，出口压力可达到铭牌设计压力，即可备用。

(6) 其他机泵检查

溶剂泵、增压泵、原料泵、螺杆泵等，待水联运或溶剂循环、柴油循环时可直接进行试运，但溶剂泵、增压泵等如果是进口泵，一定按合同条款检查备件和专用工具的配备，核对铭牌参数、外观焊接、铸造质量，按照说明书的要求，进行组装。封油系统应用溶剂油认真清洗，防止机械杂质带进密封腔中，注意封油的液面、压力报警信号正确连接，用千分表对电机的同心度仔细校正，润滑油箱应用规定牌号润滑油置换多次，电机轴承加注规定牌号润滑脂。

(7) 加热炉烘炉

① 烘炉的目的。加热炉及烟气余热回收系统内部都砌有耐火砖及耐火材料。新建或修补的上述设备在施工过程中均含有大量水分，烘炉的目的就是通过对耐火材料缓慢地加热升温，逐步脱除其中的水分，以免在开工过程中由于炉温上升太快，水分大量汽化膨胀造成炉体胀裂、鼓泡或变形，甚至炉墙倒塌。通过烘炉，考验炉体各部分零部件及炉管在热状态下的性能及“三门一板”、火嘴、阀门等是否灵活好用，进一步考验加热炉仪表的性能。通过烘炉，使操作人员熟悉和掌握加热炉、空气预热系统的操作。

② 烘炉的介质。烘炉一般采用 1.0MPa 蒸汽作为烘炉取热介质。

③ 烘炉前应具备的条件。加热炉本体、余热回收系统、烟囱等施工结束，验收合格，各炉管试压合格。燃料系统、蒸汽系统投用正常。鼓风机验收及单机试运合格。相关仪表、联锁系统已调试完毕。消防器材全部到位。清除炉区易燃易爆物品，通知化验，做好可燃气及氧含量等项目的分析准备工作，按照厂家提供的温度准备好烘炉温度曲线图，经有关人员联合检查，确认具备烘炉条件。

④ 暖炉。在正式烘炉前应先暖炉，暖炉用蒸汽来进行。暖炉前先把风门关闭，烟道挡板略开，改好蒸汽流程，放尽存水，炉管给蒸汽。控制蒸汽流量，缓慢提高炉膛温度，恒温

24 小时后开始点火升温。

⑤ 点火烘炉。调节加热炉烟道挡板、风门至合适位置。燃料气排凝置换，联系化验人员分析燃料气氧含量。投用炉膛吹扫蒸汽，烟囱见汽 10 分钟以上。停吹扫蒸汽，联系化验人员分析炉膛可燃气含量。注意检查火嘴前瓦斯盲板是否拆除。稍开一、二次风门，打开长明灯手阀，用点火棒将长明灯点燃。根据火焰燃烧情况调整一、二次风门，对称点燃长明灯或火嘴数量，保证炉膛温度均匀，严格按照温度曲线升温。升温过程中及时调整烟道挡板开度，控制炉膛负压符合要求。

烘炉结束后，按照规定的速度降温，熄灭所有火嘴，关闭所有风门、烟道挡板，加热炉进行焖炉。待炉膛温度降至 100℃以下时，打开自然通风门和烟道挡板进行自然通风冷却。

⑥ 烘炉后的检查。烘炉结束后，应对炉体衬里各部位进行彻底检查，检查衬里是否存在气孔、裂缝、脱落，炉管吊挂有无弯曲，炉管有无变形，风门及烟道挡板是否灵活好用，火嘴、热电偶有无问题。

4.2.3 设备管线吹扫及流程贯通

设备管线吹扫及流程贯通的目的是检查各条管线流程是否畅通、正确，清除施工过程中残存在管线内的铁锈、焊渣等杂物，对管线、法兰、阀门、焊口等是否泄漏进行初步检查，使操作人员熟悉现场流程。

吹扫原则及注意事项：吹扫前应将有关孔板、调节阀、计量表等拆除，仪表引线阀门关闭，以防损坏仪表或堵塞管道。蒸汽途经冷换设备应先走副线，另一流程的放空阀打开，防止管(壳)体内憋压。吹扫应按工艺流程的先后顺序进行，吹扫时注意低点排空，防止水击。分支管线，盲端死角应反复吹扫至干净。机泵入口加设过滤网。吹扫过程中发现问题及时做好记录。

4.2.4 水冲洗

水冲洗的目的是进一步冲洗设备及管线中的杂物，防止开工时工艺管道、设备、阀门、调节阀、计量仪表等堵塞，对不能进行蒸汽贯通的地方，用水来检查是否畅通，使操作人员进一步熟悉流程。

水冲洗注意事项：水冲洗前应按照水冲洗方案核对流程，防止设备、管线憋压或窜水。冷换设备水冲洗时应先走副线，再进行管程、壳程冲洗。启动电泵打水时电机不能超过额定电流并有专人监护。按流程分段、分步冲洗，水清为止。系统冲洗干净后，配合仪表人员引水冲洗仪表引压管线。

4.2.5 水联运及仪表调试

水联运及仪表调试阶段，继续冲洗系统管线及设备内杂质。校验阀门、仪表，如温度、压力、流量、液位的显示与调节，室内调节信号与现场执行机构输出的对应关系。

水联运主要过程：向萃取塔、(超)临界塔塔内装水，塔顶放空见水，其他塔、容器液面视各厂具体流程而定。启动有关机泵建立水联运。有的装置水联运安排在水试压之后，但考虑到水试压后进行收溶剂退水更方便，此顺序稍做调整。

4.3 装置的正常停工

溶剂脱沥青装置的全面停工一般分为切断进料退油、溶剂循环净化、柴油置换、退溶剂停炉、全面密闭吹扫、加盲板系统隔离等几个阶段。

停工前技术人员应根据停工要求编写好停工统筹(网络)图，制定详细的方案、措施，上报厂有关职能部门审批完善后组织职工学习。做好同调度、上下游装置、电工，仪表、维修等部门的联系。联系好准备停工用的物料，退油相关管线用蒸汽或柴油贯通，确保后路畅通。

在停工过程中要求做到安全、环保、稳妥、不出事故，退油干净，做到不窜、不冒、不跑、不损害设备。降温降压速度严格按照规定执行。退油和吹扫期间各岗位要相互协调，特别要加强与上下游装置的联系，防止出现管线憋压和改错流程等事故。停工吹扫要注意严把吹扫质量关，所有设备、管线(尤其是死角)、低点放空等不允许有残油，要有专人跟踪落实，吹扫合格后方可停汽。

4.3.1 切断进料退油

切断原料进装置，切断萃取塔进料，原料改内或外循环视各厂情况而定。萃取塔继续压油。做好同罐区的联系，防止改错流程或机泵憋压。防止溶剂与产品一同送入罐区，造成事故。尽快退尽各塔中油品，当产品泵抽空后，可暂停泵，待再起液面时，继续开泵再送。当萃取塔无界面，且加热炉出口温度呈直线下降时，可确定萃取塔底基本无油品。注意沥青出装置温度，防止凝堵。

4.3.2 溶剂循环净化、柴油置换

溶剂循环净化：

① 溶剂循环净化目的：因油分和溶剂是混合溶解在萃取系统中，如果不把油和溶剂分离开，溶剂退到罐区后会把管线等设备堵塞而无法使用，所以高压系统内含油部分的溶剂必须净化后才能送往罐区储存。

② 高压系统溶剂净化手段主要有两个：a. 通过超临界系统分离；b. 通过汽提回收分离。超临界分离是利用低沸点烷烃在达到临界温度时溶剂对油分失去溶解性，在罐内溶剂往罐顶走，而油分从罐底再压往汽提塔。而汽提回收是通过把进塔溶液温度提高至高于溶剂露点温度，低于油分的泡点温度从而分离，并通过吹入蒸汽进一步降低溶剂分压，使塔底油组分不再含溶剂。

③ 为了保证溶剂净化效果及生产连续性，在切断萃取塔渣油进料后，可继续慢慢地加大萃取塔底抽出至沥青炉，不用再看萃取塔界面。切断进料后，高压系统内油组分会大幅减少，难以维持汽提塔底低压部分油循环，所以会从萃取塔底油循环线兑入一部分油同萃取塔底抽出的溶剂一起进入沥青炉至沥青汽提塔再分离，为了加快溶剂净化速度，尽量把沥青炉负荷提至最大。而胶质沉降塔底可重复萃取塔底的操作，控稳两炉背压。在这个时候，把高压溶剂循环量提大，高压系统压力维持跟正常生产一致，而萃取温度和沉降温度也可以维持不变或根据需要作调整，根据多年实践，两温度控制对溶剂净化并不起主要作用。

④ 由于各装置工艺流程都有差别，一般溶剂净化时间为24~48小时后退去罐区的溶剂才符合要求。

⑤ 经放样确认溶剂不带油后，慢慢降低脱沥青油炉出口温度至200℃以下，熄炉火嘴，保留长明灯，停下高压系统溶剂循环，关闭萃取塔、沉降塔底抽出，沥青炉及胶质炉改纯进油，再到汽提塔继续维持低压油循环。停下增压泵，停补充溶剂，把高压系统内溶剂冷却后从到溶剂罐流程压至溶剂罐，再用溶剂泵退溶剂至罐区。

⑥ 当高压系统压力降至不足以压溶剂到罐区时，一般低于0.6MPa时，可以从高压系统吹入1.0MPa蒸汽，把溶剂继续吹往溶剂罐，高压系统各流程内溶剂务必吹干净到溶剂罐

回收，确认溶剂罐流程液位不再上升后，可以认为溶剂已退完。高压系统可继续吹扫至符合大修交出条件。

柴油置换：当高低压系统分隔开后，沥青炉及胶质炉进料全进油时，可降低两炉背压，停塔汽提蒸汽，将炉温缓慢降至160℃，联系调度收柴油至原料罐，用柴油置换冲洗低压系统，提大柴油循环量，注意置换冲洗副线、换热器等设备，通过放样检查确认渣油置换完毕，可熄沥青炉和胶质炉火嘴，保留长明灯，方便吹扫。开始装置退油至罐区。

4.3.3 退溶剂停炉

退液相溶剂，溶剂经溶剂泵出口退回罐区，逐渐降低萃取塔、蒸发塔压力，当增压泵抽空时停增压泵，溶剂泵抽空时停溶剂泵。退气相溶剂(对于有压缩机的装置)，溶剂经压缩机回收后退回罐区，当系统压力降至0.02MPa时，停压缩机改放火炬。停加热炉后及时处理燃料油、燃料气系统。

4.3.4 全面密闭吹扫

吹扫时一般按主要流程、辅助流程逐条吹扫，每条流程要有专人负责，交叉流程注意协调吹扫，做到不留死角。扫线时先联系仪表人员，将流量表、流量计等拆除或切断，以免损坏仪表。对于管式换热器、冷却器蒸汽吹扫时，一程吹扫，另一程必须放空，防止液体汽化，憋坏设备。容器吹扫后，要打开上、下排空阀，以免造成负压，损坏设备。

全面扫线结束后，即进入蒸塔、蒸容器工作，顶放空、底切水。蒸塔、蒸容器工作完成后，停蒸汽，组织打开人孔，自然通风，联系采样人员分析。

拆人孔时应按先上后下的顺序进行，防止高空落物和硫化亚铁自燃。若化验分析不合格，需重新处理(如通风或吹扫)，再联系采样人员分析。

4.3.5 加盲板系统隔离

检修时，除新鲜水、非净化风、净化风和消防蒸汽外，其他介质在装置内全部实行盲板隔离。

凡需动火、进入检修的设备、管线需加装盲板，分析合格。所加盲板两侧应有垫片，并拧紧螺栓。装置界区盲板应加在边界切断阀的内侧法兰处；拆装盲板前保证管线内物料已退尽，压力已经卸至常压；对于含有毒、有害物质的设备管线，拆装盲板时应有气防监护。所选用的盲板厚度、规格应符合压力等级要求，避免出现盲板受压变形；严格按停工方案中盲板表要求进行盲板加拆作业，指定专人统一管理并挂牌编号，防止漏装、错装。妥善保管盲板表，做好记录，以便开工时核对拆除。

第 5 章　正常操作

5.1　塔器的操作

5.1.1　萃取塔的操作

5.1.1.1　温度

萃取温度与原料在溶剂中的溶解度有极大关系，而溶解度的大小又直接影响着脱沥青油及脱油沥青的收率和质量。

一般情况下，温度升高，溶解度降低，选择性提高，脱沥青油收率下降，残炭、黏度、相对密度降低，颜色变浅。温度下降，结果相反。

温度过高，油组分沉降过多，造成脱油沥青含油量上升，软化点下降。温度过低，溶解度过大，使脱沥青油残炭上升，严重时还会造成萃取塔内混相，顶部冒黑油。控制好萃取塔各点温度，对于平稳操作，提高脱沥青油的质量与收率有着重要的作用。

(1) 萃取塔顶部温度

一般来讲，提高顶部温度，溶剂的溶解能力下降，选择性增强，有利于从溶剂中析出萃取过程中所溶解的高残炭脱沥青油组分。但顶温过高，会使塔顶析出过多的油分来不及沉降，造成塔内分层不清，影响塔内萃取效果，严重时塔顶会冒黑油。降低顶部温度，溶剂溶解度加大，选择性降低，对稠环芳烃也容易溶解，脱沥青油的收率提高，但质量下降。顶温过低，选择性进一步降低，影响脱沥青油残炭，严重时造成塔顶冒黑油。所以正常生产情况下，塔顶温度控制要稳定。对于有加热设施的装置来说，顶部温度可以通过改变顶部加热蒸汽量来调节。

(2) 萃取塔中部温度

萃取塔的中部温度也关系到脱沥青油的收率、质量以及沥青的质量，其作用原理与顶温相似，对于具有中部温度调节手段的装置来说，调节中部温度对改变收率比顶温更有效。

(3) 萃取塔底部温度

在较低的温度条件下，溶剂溶解能力大，沥青中大量重组分被溶剂溶解，因此，沥青含油量减少，软化点高，沥青收率低。底部温度高，则沥青中含油增多，软化点低，沥青收率高，脱沥青油收率降低。

(4) 温度梯度

萃取塔顶部温度高，底部温度低，自上而下形成温降，称为温度梯度。为保证萃取效率，萃取塔必须维持一定的温度梯度，温度梯度的大小，是塔内萃取效果的重要标志。萃取塔内如果没有温度梯度，原料组成较轻或处理量较大时，部分脱沥青油有可能因沉降分离效果差而被沥青相带走，造成脱沥青油收率和沥青软化点均下降，此时，对于有副溶剂作为调节手段的装置，除了调整副溶剂流量外，还可以降低副溶剂温度，使萃取塔自上而下有一定的温度梯度，以提高萃取效果，改善产品质量。

(5) 原料入塔温度

一般原料入塔温度不宜过低，提高原料入塔温度可以降低原料黏度，有利分散，萃取效果较好。采用预稀释方法也能调节(降低)原料入塔温度。

(6) 溶剂入塔温度

由于溶剂的循环量大，其进塔温度决定萃取塔的整体温度，操作上要保持平稳，避免产生大的波动。

5.1.1.2 萃取压力

萃取压力升高，在其他条件相同时，溶剂密度变大，溶解能力增大，选择性下降，脱沥青油收率上升，但质量受影响；压力过低则相反。另外，如果萃取系统压力过低，溶剂会在塔内汽化，失去溶解的特性，从而降低萃取效果。对于有增压泵的装置，压力下降太快，则溶剂容易发生汽化，造成增压泵抽空事故。因此，应控制萃取系统压力在指标范围内，以保证溶剂在塔内处于液相状态。

萃取塔调节压力的原则是：平衡好萃取系统与(超)临界回收系统的压降；根据溶剂组成和系统温度确定合适的压力控制范围。

5.1.1.3 界面

界面高低，对脱沥青油的收率、沥青质量、加热炉以及回收系统的操作均有影响。界面高，萃取接触时间长，沥青相中的油组分能充分被萃取出来，使脱沥青油收率提高，沥青软化点上升，界面低则相反。

如果界面过低，脱沥青油收率、沥青软化点大大降低，萃取塔下部溶剂容易走短路，造成炉出口温度下降，增加回收系统的负荷。同时萃余相由于沉降时间太短，沥青胶质等重组分沉降来不及，打乱操作，影响产品质量。因此，必须控制合适的界面，一般控制在40%~60%为宜。

影响界面的因素有：进萃取塔原料，各路溶剂，循环胶质的温度、流量变化；溶剂比的变化；出萃取塔物料的流量变化；仪表故障；转盘转速的变化(对于有转盘的装置)。

开工时建立界位一般有两种方法：一是用开工循环线将渣油直接返注到萃取塔底部，先建立起界位再按照正常流程向萃取塔底部进渣油；二是按正常流程建立界位。前者的优点是无须准确知道萃取条件，不会因萃取温度太低而使沥青变硬，影响后部管线及设备，缺点是增加了开工步骤；后者操作简单，但要准确地调好萃取条件，否则温度太高界位上升太快将导致后续设备(如汽提塔)超负荷，温度太低沥青软化点太高同样影响后续设备。

5.1.1.4 溶剂

(1) 溶剂组成

溶剂组成的变化改变了溶剂的溶解能力和选择性，使产品的质量和收率受到了相应的影响。溶剂组成变轻，选择性高，溶解能力下降，因此脱沥青油收率下降，但系统压力增加，影响操作；溶剂组成变重则选择性差，溶解能力提高，脱沥青油收率提高，但质量变差。另外，如果其中烯烃含量高，则选择性变差，在相同收率下，产品质量变差。溶剂组成变轻时，在允许范围内，适当增加溶剂比，降低萃取塔萃取温度，如系统压力过高则通过溶剂罐排空，同时，(超)临界分离温度也相应降低，以免影响脱沥青油的收率和增加(超)临界回收的能耗。溶剂组成变重时，适当减小溶剂比，提高萃取塔萃取温度，(超)临界分离温度也相应提高，同时也可以适当降低操作压力。烯烃浓度上升，使溶剂(超)临界温度和压力均上升，选择性变差，此时可以适当提高萃取塔萃取温度和操作压力。

(2) 溶剂比

溶剂比是进入萃取系统溶剂的总量与萃取塔渣油进料量之比值，该比值对脱沥青油的收率和选择性有很大的影响。脱沥青油收率不变时，溶剂比越大，脱沥青油的质量越好，溶剂比越小，脱沥青油的质量越差。提高溶剂比则脱沥青油收率也提高，反之，则变低。操作过程中总是希望脱沥青油收率大而且质量要好，这样就倾向于比较高的溶剂比，但这样又会带来操作费用的增加。因此，溶剂比应该控制在比较小的范围内。溶剂比的大小根据产品质量、原料性质以及溶剂组成进行合理的选择：随着溶剂临界温度升高，所需的溶剂比下降。在调节溶剂比时应分段进行，注意提原料量和提溶剂量的先后次序对脱沥青油质量的影响。调节溶剂比的原则：萃取温度较低时，可采用较小的溶剂比；溶剂组成变重时减少溶剂比；原料变轻时溶剂比较高，原料较重则溶剂比较低。

（3）溶剂的分配

溶剂的分配：萃取塔的溶剂分为三部分(预稀释溶剂、主溶剂、副溶剂)。预稀释溶剂的主要作用是在相同的温度下降低原料的黏度，利于原料在萃取塔内分散，提高原料与溶剂的接触表面积，提高萃取效率，所以预稀释溶剂的加入量应以此为目的，不宜太大，若预稀释比太大，在相同溶剂比下会减少主、副溶剂量，降低萃取段的萃取作用，甚至造成萃取塔操作混乱，塔顶冒黑油。主溶剂的作用是提供萃取塔内萃取过程的主要溶剂量。副溶剂的作用主要是再次深拔萃取塔底界面层下少量的油组分，控制塔底温度，达到提高脱沥青油收率，保证沥青质量的目的，但副溶剂对塔底界面扰动大，当界面过高或过低时可能会造成大量溶剂从塔底流出。

5.1.1.5 转盘转速

对于采用转盘萃取塔的装置，塔内转盘起搅拌、剪切的作用，强化传质效果，使油分与溶剂混合，增加萃取效果。转盘速度过慢，效果不明显，转盘速度过快，则易使塔内分层不清，影响脱沥青油的质量。

5.1.2 (超)临界塔的操作

目前，由于各厂的溶剂脱沥青工艺不同，高压溶剂回收过程主要分为临界回收和超临界回收两种，所采用的设备分别称为临界塔和超临界塔。

5.1.2.1 临界塔的操作

（1）压力

压力对临界塔的操作有重要的影响，临界塔的压力一般要求稍高于溶剂的临界压力，有利于提高溶剂的临界效果，使尽可能多的溶剂从临界塔顶回收循环使用，同时也有利于提高换热效果，减少临界溶剂的带油现象。临界塔的压力必须根据溶剂的组成来选择，压力过高，增加设备负荷，容易跳安全阀；压力过低，则溶剂达不到临界条件，影响换热效果。

（2）温度

临界塔的顶温是临界塔操作的一个关键参数，它决定临界溶剂的回收量以及临界塔的平稳操作。当温度升至溶剂的临界温度时，溶剂对油完全不溶解，所以在此温度下，可以将大部分的溶剂和油分开，如果低于临界温度，溶剂带油多，反之超过临界温度，溶剂全部汽化，所以临界塔的操作温度要根据溶剂的组成，尽可能控制接近其临界温度。

（3）界面

界面对临界塔操作的影响与对萃取塔的影响基本相同，界面过高，会造成临界溶剂的带油现象，并且会导致临界溶剂的冷却器堵塞；如果界面过低，则会造成后续回收系统的负荷加大，同时降低临界溶剂流量，影响萃取效果。一般来说，临界塔的界面较之于萃取塔易于控制，因为溶剂与脱沥青油之间相对密度差大，使得实际界面清晰，指示准确。界面一般只受临界塔的压力、温度及塔底流量的影响。

5.1.2.2 超临界塔的操作

超临界塔的操作温度和压力均超过临界状况。根据超临界流体理论，在超临界状态下，流体的密度和扩散系数随压力的升高而急剧上升，因此溶剂在超临界状态下有一定的溶解能力。但如果在超临界压力不是很高却同时具有很高超临界温度的条件下，溶剂密度和扩散系数均大幅度下降，以致溶剂失去对油组分的溶解能力。超临界回收工艺正是利用溶剂的这种特性，实现溶剂与脱沥青油的分离。回收的溶剂量通常约占装置溶剂回收总量的80%以上。

(1) 压力

超临界压力的控制，目的在于使溶剂在特定的工艺条件下具有最小的密度，压力过高，首先增加了设备负荷，易造成跳安全阀，损坏设备事故。其次由于压力调节阀的泄压动作，打乱了正常的萃取平衡。此外，由于压力过高，超临界流体的密度不能充分降低，使脱沥青油从溶剂中分离不充分，超临界塔顶部带油，影响高压冷却器的冷却效果，严重时甚至堵塞冷却器，影响安全生产。压力过低，溶剂体积膨胀过大，超临界塔线速过大，易造成顶部携带脱沥青油组分。因此，应控制压力在指标内，波动范围通常在0.5~1.0MPa。超临界塔压力的调节，主要靠改变主溶剂或补充溶剂的量加以实现，当压力超高时，主溶剂调节阀开度加大，补充溶剂量减少，实现降压作用。

(2) 温度

超临界状态下，超临界流体的可压缩性不仅与压力有关，而且与温度也有密切联系，随着温度的变化，将超临界流体压缩至某一密度状态所需的压力也随之变化。因此，温度直接影响到回收效果的好坏。温度过高，除浪费能耗外，流体膨胀程度大，压力波动，并且超临界塔内部线速增加，易使顶部带油。因此，应严格控制温度在工艺指标内。

一般来说，采用较轻的溶剂，超临界回收温度较低，采用较重的溶剂，回收温度则较高；溶剂中烯烃含量较多时回收温度较高。

(3) 溶剂组成

溶剂组成变轻，由于溶剂临界温度下降，溶剂的临界压力上升，可适当降低回收温度，提高回收压力，以免溶剂密度下降幅度过大造成顶部带油。溶剂组成变重，临界温度上升，临界压力下降，可提高回收温度，降低操作压力。溶剂中烯烃浓度较大时，临界温度和压力会稍有上升，操作上应加以注意。

(4) 界面

超临界塔界面高低直接改变了脱沥青油的沉降时间，从而影响到分离效果。界面高，沉降距离短，脱沥青油容易因为沉降不及而被溶剂携带上顶部，而且，进料温度的变化，溶剂密度的变化易造成超临界塔压力波动。界面过低，易发生后部设备(如汽提塔)冲塔事故。影响界面的主要因素有处理量变化、原料性质变化、溶剂组成、萃取塔操作、超临界塔压力、仪表问题等，可根据具体情况进行调节处理。

5.1.3 蒸发塔的操作

蒸发塔根据产品与作用的不同，可分为：脱沥青油蒸发塔、脱油沥青蒸发塔。

(1) 温度

蒸发塔的顶温和底温分别控制在稍高于操作压力下塔顶溶剂气体的露点和塔底物料的泡点温度即可。温度过低，溶剂蒸发不充分，增加汽提塔和压缩机的负荷；温度过高，不但能耗增加，而且使塔内溶剂线速过大，造成塔顶带油，影响空冷及溶剂冷却器的冷却效果。

（2）液面

蒸发塔的液面高低影响溶剂的蒸发程度，影响汽提塔负荷和安全生产，液面过低，可能使溶剂从塔底窜入汽提塔，造成汽提塔超压；液面过高，易发生淹塔，造成塔顶带油，降低了空冷和溶剂冷却器的冷却效果。

5.1.4 汽提塔的操作

汽提塔操作的好坏是影响溶剂消耗和脱油沥青闪点的重要因素，同时还影响产品泵的运行及压缩机的平稳操作。

（1）汽提蒸汽

汽提蒸汽的主要作用在于降低塔中油气分压，从而保证进料中夹带的溶剂完全脱除。汽提塔吹入的蒸汽原则上采用过热蒸汽，目的是避免蒸汽在汽提过程中液化，降低汽提效果，造成塔内存水，影响平稳操作和产品质量。汽提蒸汽量的大小也会直接影响脱沥青油及沥青的闪点和溶剂的消耗以及平稳操作。汽提蒸汽量太小，溶剂留在油中，使脱沥青油带溶剂，溶剂消耗增加，而且产品泵容易抽空，影响平稳操作。反之，蒸汽量太大，塔内线速过大，塔顶易带油。

（2）液面

汽提塔液面的高低对于产品的闪点、溶剂的消耗和环保有很大的影响，过高易造成冲塔，使塔顶溶剂带油进入低压溶剂分液罐，影响低压溶剂冷却器的冷却效果，并且低压溶剂分液罐下水含油影响环保；反之，如果液面过低，产品中的溶剂没来得及汽提出来就被送出装置，造成产品闪点低，溶剂消耗大，严重时可能造成冲罐等事故。

许多丁烷脱沥青装置设计中用加热炉代替蒸汽加热器，采用蒸发、洗涤和汽提三塔合一的汽提塔，塔上部部分塔盘为洗涤段，塔底进料口以上是蒸发段，进料口以下则为汽提段。含有溶剂的物料先经过加热炉加热，利用脱沥青油、胶质、沥青三者与溶剂沸点和蒸发压相差很大的特点，通过节流降压(炉出口有背压调节阀控制炉管内介质压力)进入汽提塔内闪蒸，闪蒸后溶剂气相上升，仍含有未汽化溶剂的液相则往下流动，与塔底上升的汽提蒸汽逆流接触，以降低溶剂的蒸气分压，使溶剂进一步从液相中汽化出来，达到充分回收溶剂的目的。对于这类汽提塔操作，洗涤段液面的控制也是十分重要的。

（3）压力

一般来说，汽提塔压力越低越有利于溶剂与油品的分离。汽提塔压力控制要结合塔顶压控后路的情况综合考虑。汽提塔压力高的丁烷脱沥青装置还要考虑到蒸汽倒窜的问题，保证蒸汽压力高于汽提塔压力，当蒸汽压力突然下降时，应立即关闭汽提蒸汽，降低处理量，以防汽提塔内重油倒窜入蒸汽管网。

5.2 容器的操作

5.2.1 原料缓冲罐的操作

原料缓冲罐的作用主要有三点：一是上游装置或罐区来的原料混合均匀；二是在原料因外系统原因中断的情况下，起到缓冲的作用，避免萃取塔进料泵抽空，为处理事故赢得时间；三是可以通过延长外来原料的停留时间，让原料中夹杂的水分充分脱除，避免大量明水进入萃取系统对操作造成不良影响。

对原料缓冲罐的操作，主要做好以下几点：控制好原料缓冲罐的液面，既要防止液位过低造成萃取塔进料泵抽空，也要防止冒罐；当原料密度变化较大(如开停工循环时柴油、渣油间的变换)时，注意差压式液位计显示是否存在偏差，加强现场液位的监控。

5.2.2 溶剂罐的操作

一般来说，由于工艺及流程的不同，丙烷溶剂脱沥青装置同时具有溶剂罐和低压溶剂分液罐；而丁烷溶剂脱沥青装置没有压缩机，所以也没有低压溶剂分液罐，只有溶剂罐。

溶剂罐在生产中一是起储存溶剂的作用，二是分离溶剂循环过程中所携带的油、水，并经切水线切出。溶剂罐操作情况的好坏将直接影响萃取及回收的效果，它对生产的影响主要表现在压力和溶剂的含水量上。溶剂罐压力的高低影响溶剂回收、压缩机和溶剂泵的操作，压力高，溶剂蒸发回收困难，消耗蒸汽量大，汽提塔负荷大，压缩机负荷和二段出口压力大，溶剂泵电流减小，出口压力增大；压力降低时则相反，由于压力低时汽提塔负荷小，有利于溶剂的回收，可降低溶剂消耗。但压力过低，溶剂泵容易抽空。一般情况下，溶剂罐压力控制在指标范围内，以利于降低能耗和溶剂消耗。

溶剂罐的操作注意以下几点：加强切水，避免水分进入高压系统，保持系统所需的溶剂纯度；控稳液面，防止溶剂泵抽空；收退溶剂或放空时一定要缓慢，加强设备管线的接地检查，防止静电事故的发生；根据气温变化趋势及时调节冷却水或从罐顶排放不凝气。

5.2.3 低压溶剂分液罐的操作

低压溶剂分液罐(有的称溶剂水洗塔或旋分器)是对汽提塔顶出来的气相溶剂和汽提蒸汽的凝结水混合物进行分离，除去油、水，而气相溶剂进入压缩机升压返回溶剂罐循环利用。低压溶剂分液罐操作的好坏将直接影响压缩机、溶剂罐、汽提塔的操作以及溶剂的消耗、产品的闪点和产品泵的操作。

(1) 液面

低压溶剂分液罐的液面主要起水封的作用，液面太低，溶剂气可能从罐底跑出，不仅污染环境(或影响下游装置操作)、造成溶剂的消耗大，而且威胁装置的安全；反之，如果液面过高，溶剂大量带水汽，容易使水滴进入压缩机，影响压缩机的安全运行。

影响低压溶剂分液罐液面的主要因素有：低压溶剂分液罐压力的变化；汽提塔汽提蒸汽用量及压力的变化；低压溶剂分液罐液控失灵；汽提塔顶带油。

(2) 压力

低压溶剂分液罐的压力控制着汽提回收系统的压力，它关系到溶剂的消耗、产品的闪点、产品泵及压缩机的操作。一般来说，低压溶剂分液罐的压力低，溶剂回收完全，油品中溶剂含量低，溶剂消耗少。压力高时则相反。但应注意的是，由于低压溶剂分液罐具有切除各汽提塔汽提蒸汽凝结水的作用，因此其压力不能低至大气压，尤其不能成为负压，否则会影响压缩机的操作及溶剂罐的压力。

有的装置用溶剂罐中气相溶剂或压缩机二段出口溶剂辅助控制低压溶剂分液罐的压力，也有的装置在低压溶剂分液罐顶出口和压缩机入口之间增设压力调节阀，以调节低压溶剂分液罐压力，两种方案均可行。

影响低压溶剂分液罐压力的主要因素有：汽提塔进料流量和溶剂含量的变化；冷却水量及水温的变化；压控失灵；蒸发塔底流量；压缩机入口管路堵塞或压缩机本身故障。

(3) 顶温

低压溶剂分液罐的顶温越低，溶剂气相中蒸汽的含量越少，越有利于压缩机的正常操作，但是由于一般情况下溶剂是不纯的，如果顶温过低，气相在压缩机入口处低于丁烷的沸点(丁烷沸点-0.5℃)，气相中的丁烷就会液化，对压缩机来讲抽液体是很危险的。而顶温过高，溶剂中带大量的水汽，并且增加了压缩机二段出口温度，影响压缩机的安全运行。在生产中主要调节低压溶剂冷却器下水阀的开度来控制罐的顶温，一般情况下控制在不高于45℃。

5.2.4 凝结水罐的操作

在溶剂脱沥青装置的操作中，加热器疏水、伴热疏水以及蒸汽往复泵的乏汽存在着大量可回收的能量，这部分能量的回收利用是装置降能节耗的重要措施之一。凝结水罐的作用就是对这部分的蒸汽进行回收。在凝结水罐的使用过程中，水击一直是经常遇到而又不好解决的问题，有些装置采用多个扩容器就地吸收、再集中的办法，效果不是很理想。水击的主要原因是常用的疏水器基本上都是间断疏水，当某一时刻疏水器停止疏水或水量不大，不足以使扩容器的入口段全部充满凝结水时，容器中蒸汽倒入进水口，进水管线内有蒸汽存在，这时如果又有较多或大量的水从管线流向容器，就会产生水击。如果同时又有疏水器不好用而造成水汽混流，则水击会加重。为了消除水击，应控制好凝结水罐液面、压力，同时定期清理疏水器等。水击轻则造成螺栓松动、法兰泄漏，重则造成管线焊口开裂、停产等事故。

5.2.5 燃料气罐的操作

燃料气罐一方面对所储存的燃料气起缓冲作用，以保证入炉燃料气的压力、流量的稳定，防止炉出口温度的大幅度波动；另一方面，燃料气罐通过外设的燃料气加热器和内设的加热盘管的加热蒸发以及切水阀的定期排残液，可以防止燃料气带油、带水事故的发生。由于罐内的介质为易燃易爆的燃料气和液态烃，因此，燃料气罐的日常维护是十分重要的。

为了保证燃料气罐的安全，在操作时应注意：开工前应按标准对其进行严格的试压和验收，检查是否有泄漏；运行中要经常对其进行检查、维护，发现问题及时处理；燃料气引入时，必须按先冷流体、后热流体的顺序投用燃料气加热器；在正常的生产中，燃料气压控不允许开副线，以防事故的发生；定期对燃料气罐进行切水检查，排除其中的残液，保证罐的无液面操作，冬季要检查加热盘管是否正常运行。

5.2.6 燃料油罐的操作

燃料油罐主要用以储存燃料油以供加热炉燃烧，它的温度及液面对燃料油泵的正常运行及炉子火嘴的正常燃烧起着关键的作用。燃料油罐温度控制要符合安全规定，同时要加强脱水，防止突沸。另外，要考虑到油温过低时易造成燃料油黏度太大，雾化不好，影响燃烧效果。

5.2.7 安全阀放空罐(事故罐)的操作

安全阀与火炬放空系统相连，安全阀放空首先排至安全阀放空分液罐，此放空分液罐的目的是分离放空时所夹带的重油。安全阀放空罐投用以后应注意：定期对罐进行切水、切油检查，保证罐内无液面；安全阀放空罐必须装有接地线，以防静电发生危险；注意有关温度、压力显示的异常变化，及时做出调整。

有的溶剂脱沥青装置具有温度-流量控制系统：排放气夹带着燃料气连续地被排放，在排放的过程中，温度高时，温度控制阀会开大、提高排放量；高的排放量可保持系统高于大气压力，这样可避免排气倒窜，要停止高排放量时，一定要将此调节阀人为手动复位。

5.3　加热炉的操作

5.3.1　加热炉基本原理

溶剂脱沥青装置采用的加热炉均为管式加热炉。如果按照结构外形分为圆筒炉、立式炉和箱式炉。

管式加热炉一般都由四个主要部分组成：辐射室、对流室、烟囱和燃烧器。在辐射室和对流室内装有炉管；在辐射室的底部装有燃烧器；在烟囱内装有烟道挡板。为了提高加热炉的热效率，在热负荷较大的加热炉上还装有空气预热器。生产过程中，低温油料先进对流室，再进辐射室，在炉膛吸热后成为高温油料流出。

燃烧器主要给加热炉提供高温热源，喷嘴喷出的高温火焰以辐射传热的方式，将大部分的热量传给辐射室炉管内流动着的油品，又以对流传热的方式将大部分的热量传给对流室炉管内流动着的油品，最后剩余的热量随烟气经烟囱排入大气。辐射室又叫炉膛，是管式加热炉的核心部分。从喷嘴喷出的燃料在炉膛内燃烧，需要一定的空间才能燃烧完全，所以辐射室的体积较大。由于火焰的温度很高(可达 1500~1800℃左右)，故不能直接冲刷炉管，以防止炉管结焦或被烧坏，因而热量只能以辐射的方式传送。辐射的热量一部分被炉管接收，一部分使炉墙的温度升高，又由于炉墙外部有隔热层，热量基本上散不出去，炉墙又把热量反射回来，传给炉管。火焰离炉管越远，辐射传热量就越小，所以要保证火焰不直接扑到炉管上，应该尽量减少炉膛体积，提高传热强度，节省造价投资。离开辐射室的烟气温度不能太低，否则会降低辐射传热效率，这样高温的烟气还有很多的热量可以利用，所以要设对流室。在对流室内，高温烟气冲刷炉管，将热量传给管内的油品，烟气冲刷炉管的速度越快，传热的能力越大，所以对流室要窄而高。管内油品要和管外烟气的流动方向相反，这样可提高烟气与油品的温度差，提高传热效果。有时在对流室内还可以加几排蒸汽管，产生过热蒸汽供生产上使用。烟囱的作用是将炉膛的燃烧烟气排入大气，烟囱内部必须用耐火和保温材料衬里。烟气离开对流室后，多余的热量有时可用空气预热器来回收一部分，使烟气进一步降温至 170℃左右，再进入烟囱排走，有时就直接进入烟囱排走。利用烟囱内高温烟气的密度比烟囱外空气轻而产生抽力，将烟气排入大气。烟囱越高，抽力越大，抽力大则辐射室内进风量也大，所以抽力要进行控制，即在烟道内加数块可调节的挡板，调节挡板的开度可控制抽力的大小，以保证炉膛内最合适的负压。加热炉常见的性能指标主要有：炉效率、过剩空气系数、热负荷、炉膛温度、炉膛热强度、炉管表面热强度等。

5.3.2　加热炉的主要工艺参数

在加热炉的日常生产操作中，重要的工艺参数有炉出口温度、炉膛温度、烟气温度、过剩空气系数和烟气氧含量、炉内负压、炉管背压等，这些参数是进行加热炉生产控制的依据，加热炉的操作就是使这些参数保持在规定的范围内并处于相对稳定的状态。

(1) 炉出口温度

炉出口温度是指物料流出加热炉时的温度，它保证油品中溶剂的蒸发回收效果以及保持油品合适的黏度和流动性。

(2) 炉膛温度

炉膛温度是指辐射室内烟气在靠近炉壁处的温度。它代表炉膛内烟气的温度，是加热炉操作中的重要指标之一。炉膛温度能够比较灵敏地反映加热炉的负荷。炉膛温度高，辐射室的传热量就高。当处理量变化以及物料性质变化时，炉膛温度也随之变化。炉膛温度的提高虽能提高传热量，但过高时辐射炉管热强度过大，炉内油料易于结焦，炉管和炉壁耐火材料也将受到损伤。这时，进入对流室的烟气温度也过高，对流炉管及其设备也将受到损伤，全炉热效率还会下降，所以炉膛温度是保证加热炉长周期安全运转的重要指标。每台加热炉都有其相应的炉膛温度设计值，可作为操作的控制依据。炉膛温度的测温点一般在辐射室竖向的中部及东、南、西、北四个方向上各有一个点。测温点的位置不同温度高低也有所不同。

(3) 烟气温度

烟气温度是指烟气排入大气的温度，是衡量加热炉热能利用率的参数之一。排烟温度太高带入大气的热量高，使炉效率降低。

(4) 过剩空气系数和烟气氧含量

在实际燃烧过程中，过剩空气系数过小时燃烧不完全，浪费燃料。过剩空气系数过大时入炉空气过多，炉膛温度下降，其结果是把过剩的空气加热为热烟气排出，降低了炉管吸热量，从而降低了炉效率，炉管也容易氧化剥皮。在实际操作中可以通过测定烟气中的 CO_2、O_2的组成来计算过剩空气系数。烟气氧含量能反映过剩空气系数的大小和完全燃烧程度，一般来说氧含量高则过剩空气系数高，氧含量低则过剩空气系数低。对氧含量在线测量，在实际操作中可根据氧含量的大小控制入炉空气量和烟道挡板开度，以提高炉效率。

由于现时环保要求高，加热炉烟气通常加装了对烟气中二氧化硫、氮氧化物、颗粒物和一氧化碳等的监测系统，指标分别是：$SO_2 \leqslant 50mg/Nm^3$、$NO_x \leqslant 100mg/Nm^3$、颗粒物$\leqslant 20mg/Nm^3$、$CO \leqslant 100mg/Nm^3$。烟气中 SO_2 高低主要受燃料气中硫含量影响，但如果由于剩氧指示回零时间长也会影响测量，造成 SO_2 上升。NO_x产生原因：1)空气中氮在高温(1400℃以上)下氧化产生；2)燃料挥发物中高温分解氧化产生；3)燃料中含 NO_x 在燃烧中氧化产生。减少NO_x的措施有：a. 减少燃烧的过剩空气系数；b. 降低燃料氮化物的含量；c. 采用低氮燃烧火嘴。烟气中颗粒物主要是燃料燃烧不完全导致上升的。CO 超标是由于避免 NO_x超标，烟气剩氧会控制较低，从而造成 CO 上升。

测定烟气中的氧含量通常有两种方法。一种是将烟气采样抽出，用奥氏气体分析器进行分析(干烟气)，另一种是用氧化锆直接插入烟道中进行在线分析(湿烟气)。

(5) 炉内负压

是指炉内压力与同标高处炉外大气压力之差。负压的大小反映了炉膛抽力的大小，影响负压大小的主要因素有烟道挡板开度、烟囱高度、燃烧产生的烟气量等。炉内负压不足，则空气入炉就困难，同时，烟囱抽力不足，烟气不能及时排出，燃烧就不能正常进行，烟气及火焰将从炉底、看火孔等空隙喷出，严重时将造成炉膛回火爆炸。炉膛负压过大，将导致空气大量进入炉内，降低热效率，同时也会引起炉管氧化剥皮，因此加热炉必须保持在适宜的负压下操作。

(6) 炉管背压

为了避免出现溶剂因压力低在炉管内汽化造成炉管结焦的现象，某些装置的沥青溶液炉(或胶质溶液炉)设有炉管背压控制。一般来说，当背压过低、炉管发生汽化时，会出现炉膛温度上升、燃料量增大、炉出口温度升不起来的现象，原因是炉管内的混合溶液发生相变，大量吸热，且产生气阻，加热炉的处理能力下降。因此，操作中要密切注意炉出口温度、炉膛温度、炉管背压的相互联系，防止炉管结焦。

5.3.3 加热炉出口温度的控制方案

常见的加热炉出口温度控制方案主要有四种，下面分别介绍。

(1) 温度单参数控制

根据加热炉出口温度直接调节燃料量。在这种情况下，由于传热及测温元件的滞后较大，当燃料油(气)的压力和热值稍有波动时，就会引起加热炉出口温度的显著变化。对于加热物料温度要求不高，而且燃料总管压力比较稳定的情况下，这种方案应用很广泛。

(2) 加热炉物料出口温度-炉膛温度串级控制

在影响加热炉出口温度的干扰因素中，除进料温度、进料流量和进料组分外，其他干扰因素最后都反映在炉膛温度上，而加热炉出口温度由于热传递滞后，反应较炉膛温度慢得多。当采用加热炉出口温度与炉膛温度串级后，由于副回路炉膛温度的超前作用，可以克服加热炉出口温度的滞后。当干扰反映到炉膛温度时，就提前起调节作用，显著改善调节质量。

(3) 加热炉物料出口温度-燃料油(气)流量串级控制

燃料总管压力波动是引起加热炉出口温度波动的主要干扰因素。为了克服这一干扰的影响，可采用加热炉出口温度与燃料油(气)流量串级控制。这样的控制系统可以提前感受到燃料油(气)压力的干扰信号，及时进行调节，可提高调节质量。

(4) 加热炉出口温度-燃料油(气)压力串级控制

这种方案的原理与前述方案相同，因为燃料总管压力波动，同样反映到燃料压力或流量测量仪表上。采用这种方案的优点在于压力测量较流量测量简便，当火嘴阻力不变时，压力与流量有对应关系。但是必须注意，燃烧火嘴的结焦会造成调节阀后压力升高的虚假现象。

在实际的操作中，各装置可根据自己的炉型、单炉或多炉操作以及燃料油和燃料气系统的特点，选用合适的控制方案。

5.3.4 加热炉的操作及调节

5.3.4.1 加热炉点火

(1) 准备工作

① 清除炉膛及周围杂物、垃圾，封好人孔，检查防爆门是否好用，烟道挡板开一半，风门稍开。

② 准备好点火棒、点火器、灭火器材、柴油等。

③ 燃料油罐水切净后改好流程，开燃料油泵，建立燃料油系统的循环。

④ 如果烧燃料气应将燃料气引至加热炉火嘴前，各加热盘管投用，以防带油，控稳燃料气缓冲罐的压力。

⑤ 将蒸汽引至炉前，作为消防和雾化用。

(2) 点火

① 向炉膛吹蒸汽 10~15min，烟囱见白汽。

② 炉管(包括过热蒸汽管)进介质后，将浸过柴油的点火棒点燃后送至火嘴旁，慢慢打开燃料气阀门，点着后再根据火焰情况，适当调节风门、烟道挡板及燃料气阀门。

③ 如果烧油，先将雾化蒸汽线内凝结水放净，稍开蒸汽阀，点燃后适当开大油阀及汽阀，调节火焰，点火时蒸汽量不可过大，以防吹灭。

④ 点火时防止回火伤人，如熄火时必须立即关闭燃料气(或燃料油)阀，向炉膛吹蒸汽 5 分钟后按前述方法重新点火，严禁靠相邻火嘴碰火点燃。

⑤ 点火后，控制炉出口升温速度，逐步调节到操作指标。

5.3.4.2 加热炉的正常操作

加热炉的正常操作就是在保证加热炉安全运转的条件下，通过勤检查、勤调节，达到燃烧正常，炉出口温度平稳，提高热效率的目的。

(1) 燃料温度的控制

调节燃料罐加热盘管的加热蒸汽量，控制燃料油温度，以保证输送和雾化效果；调节燃料气加热器的加热蒸汽量，控制燃料气温度，以保证燃料气不带油。

(2) 燃料压力的控制

用燃料油压控表调节燃料油泵出口返回燃料油罐的燃料油量，控稳燃料油的压力；用燃料气压控表调节燃料气进燃料气缓冲罐流量，控稳燃料气压力。

(3) 雾化蒸汽量的控制

烧燃料油时需要适量的蒸汽将油雾化，方能燃烧正常，蒸汽量大或小都不能达到目的，必须控制雾化蒸汽量。

(4) 进炉空气量的控制

进炉空气量的大小是影响加热炉热效率的关键因素，通常以烟道挡板的开度控制炉膛的负压，用风门的开度控制入炉空气量，两者互为影响，互为补充。

(5) 炉出口温度的控制

应按工艺指标严格控制加热炉出口温度，确保溶剂回收系统的操作平稳。

影响炉出口温度的主要因素有：燃料压力、蒸汽压力(烧油时)、加热炉进料量或温度、油品中溶剂含量、燃料带液情况、风门及烟道挡板开度等。

5.3.4.3 加热炉的正常检查

检查炉膛是否清晰明亮，砖墙、骨架、吊挂等有无异状，炉管表面是否呈黑灰色；检查火焰颜色是否正常；各火嘴火焰是否大小均匀、不扑炉管；检查燃料油及燃料气压力、流量，蒸汽压力，燃料气罐低点放空应无液体；检查炉区消防器材应完好无损，现场无易燃物；若发现炉管暗红或局部暗红，有小火苗、变粗、弯曲、氧化剥皮严重、砖墙吊挂变形等现象，须查找原因及时处理。

5.4 机泵的操作

一般按泵作用于液体的原理分为叶片式和容积式两大类。叶片式泵是由泵内旋转的叶轮输送液体的，叶片式泵又因泵内叶片结构形式不同分为离心泵、轴流泵和旋涡泵等。容积式泵是利用泵的工作室容积的周期性变化输送液体的，分为往复式泵(活塞泵、柱塞泵、隔膜泵等)和转子泵(齿轮泵和螺杆泵等)。

对于离心泵流量的调节，实际是改变泵的工作点，通过改变管路特性曲线和泵的特性曲线的方法达到。根据离心泵特性曲线可知：随着扬程增加流量迅速下降，轴功率随流量下降而缓慢下降。流量和扬程随转速的下降而下降，轴功率随转速的下降而急剧下降，所以调节方法有以下几种：节流调节、旁路返回调节、变速调节。

对于容积式泵不能采用关小排出阀调节泵的流量，因为这样调节不仅无效反而浪费能量，甚至使泵的驱动机超负荷。对于电动往复泵，一般设旁路控制阀调节流量，将泵多余液体经过旁路返回吸入管。对于电动比例泵和计量泵则多采用改变活塞或栓塞的行程来改变泵的流量。对于蒸汽往复泵，通常是通过调节进汽阀的开度来调节泵的往复次数，从而调节流量。

5.4.1 离心泵操作法

5.4.1.1 脱沥青油溶液泵及溶剂泵的操作

(1) 开泵前的准备工作

清理机泵周围杂物，搞好设备、环境卫生。检查泵、电机部件是否齐全，连接是否紧固、地脚螺栓等是否松动，接地线是否松动，对轮罩是否装好。检查压力表、温度计是否齐全，阀门开关是否正确。轴承箱注入经三级过滤的合格润滑油到油标液面，机电轴承润滑油杯保持液面。打开冷却水上、下游水阀，调节好冷却水量，打开轴承冷却风。盘车 2~3 圈，看转动是否灵活，机泵有无异常杂音。联系钳工、电工到现场，电机送上电。改好流程，打开泵入口阀，稍开泵体上部放空阀排空灌泵，然后关上放空阀，同时检查前后端有无泄漏。脱沥青油溶液泵如果备用泵处于预热中，应先关上预热阀。脱沥青油溶液泵应打开南北冲洗溶剂阀，给端封注入冲洗溶剂，正常情况下，备用泵停冲洗溶剂。

(2) 开泵

按启动按钮，检查电流是否由最大值迅速降至正常值，机泵是否发出正常的声音，振动是否在正常范围，转向是否正确。当泵出口压力上升到大于操作压力后，慢慢开出口阀至工艺指标要求。机泵投入正常运行后，应全面检查电机电流、泵出口压力、泵体和轴承温度，是否有泄漏振动等情况，如发现有异常应及时停泵处理。

(3) 停泵

关闭泵出口阀，停电机。脱沥青油溶液泵停下来后如果作备用，则应稍开预热阀预热泵体，每隔 0.5 小时检查一次，看是否真正预热了，然后定期盘车。如果停泵后检修，则应先联系电工停电。泵体检修，停泵后应关入口阀与冲洗溶剂阀，先从泵体上部放空至火炬线，待泵体介质基本放干净后，再打开底部放空阀，关顶部放空阀，关冷却水。

(4) 泵的切换

做好启动泵的各项准备工作。按电钮启动备用泵。待泵出口压力大于操作压力后，慢慢打开出口阀，同时慢慢关小停用泵出口阀，直至关闭为止，注意要确认启动泵的出口阀是否已开，防止憋压。关停用泵冷却水。如果停备用泵，脱沥青油溶液泵应预热，预热阀尽可能开大，并定期盘车。

(5) 泵的正常维护

检查在用泵出口压力、流量、电机电流，有否异常波动、各部温度是否正常，电机温度≤75℃，轴承温度≤70℃。严格执行“三级”过滤和“五定”制度，经常检查润滑油质量及润滑情况，及时加注或更换，保持油位处于正常。备用泵做好盘车工作。检查封油罐液位与压力，保持脱沥青油溶液泵封油罐常压，溶剂泵高于泵入口压力 0.15~0.30MPa。注意根据水压变化调节好冷却水用量。在用泵出现抽空现象时，应适当关小出口阀，并及时联系检查抽空原因，加以处理。泵端封泄漏溶剂时，可用蒸汽直接加热泄漏部位，并切换备用泵，联系钳工处理。经常检查机泵振动、声音是否正常，地脚螺栓是否松动。

(6) 使用注意事项

为了使泵能更加平稳、良好地运行，在使用中应注意以下几点：

① 防止电机超电流。电机电流超过额定值，会使电机跳闸，泵停运，使操作发生波动，如果处理不及时还会发生事故。超电流的原因主要有输送介质温度、黏度、压力、流量的变化，操作员应每小时巡检一次，并做好记录，如发现电流过高及时调整操作。

② 常压外冲洗系统设有油位低限报警和压力高限报警装置，如果油位报警则表明冲洗油罐液位偏低，可向油缸内补充 L-TSA32 号汽轮机油至规定位置。如果压力报警则有可能是由于内侧密封泄漏或溶剂放空罐压力高，可仔细检查，排除故障。

③ 冬季常压外冲洗系统内的润滑油易凝固，不能在其中进行循环，发生这种现象的主要原因是泵输送的介质(如脱沥青油)少量泄漏到外冲洗系统内，由于脱沥青油凝固点较高，造成系统管线凝堵。如出现这种现象，可用蒸汽将系统管路吹热，把其中的油从放空阀排放干净，重新加入 L-TSA32 号汽轮机油即可。冬季也可对冲洗油管路上的散热片进行保温处理，效果更好。

④ 另外还有电机温度或轴承温度高、泵体振动大等故障，要及时进行检查排除。

⑤ 如果增压泵扬程过高，可考虑加装变频调速器降低电机转速。

5.4.1.2 热油离心泵的操作

(1) 启动前的准备工作

热油离心泵启动前的准备工作与脱沥青油溶液泵部分基本相同。

(2) 泵的预热

输送介质温度高于 200℃的离心泵启动前应进行预热。热油泵预热前应全面检查泵体管线连接处垫片、丝堵是否装好，压力表放空手阀有无关严，泵端面密封与封油线接头处有无漏油等。慢慢打开预热线阀门预热泵体。热油泵在预热时，要经常盘车，防止叶轮受热不均匀而变形。热油泵在预热时，泵体、泵座、封端应给少量冷却水。热油泵在启动前应停止预热。

(3) 机泵启动

联系电工送电。确认准备工作做完后，按电钮启动。当机泵运转正常，出口压力高于操作压力时，可慢慢打开泵出口阀，待压力稳定后逐渐开大，使电流达到操作指标，严禁带负荷启动。装有封油系统的离心泵，待运转正常后应及时注入封油，减少泄漏和磨损。维持封油压力高于泵入口压力 0.10~0.15MPa。

(4) 正常停泵

先关出口阀，后停电机。停作备用的机泵，应及时预热，并定期盘车。停泵检修，应关出入口阀，用柴油冲洗、蒸汽吹扫泵体，干净后，关闭所有阀门，打开放空阀泄压。交出检修的机泵应达到泵体吹扫干净、泵体泄压至零的要求。

(5) 热油离心泵运行中的维护

检查泵出口压力，电机电流是否在规定范围之内，严禁长时间抽空。轴承温度：滚动轴承≤70℃，滑动轴承≤65℃，电机温度≤75℃，若超温，应及时处理。经常检查电机振动与声音正常与否。经常检查润滑油质量，若出现乳化或有杂质，应更换。检查油箱液位，防止出现假液位。检查端封有无泄漏，注意保持封油压力高于泵入口压力 0.10~0.15MPa。检查冷却水；按时记录各参数。

(6) 离心泵常见故障与处理

离心泵常见故障与处理见表 5-1。

表 5-1 离心泵常见故障与处理

故障现象	故障原因	处理方法
密封泄漏	①密封磨损严重 ②密封面与泵轴结合不好 ③封油注入量、压力不稳 ④冷却水有问题	①联系检修处理 ②控稳封油压力 ③调整冷却水
输送不出液体	①未灌泵 ②转向反转 ③吸入口堵塞	①重新灌泵 ②改变转向 ③清除堵塞物
振动大	①泵轴与电机轴同轴度差 ②泵轴弯曲	①联系检修处理 ②加强盘车
轴承温度过高	①轴承内有杂物 ②润滑油质量或油量不符合要求 ③轴承装配质量不好	①清除杂物 ②更换润滑油，调整油量 ③重新装配
电机过热	①电机负荷不够 ②电机内部故障	①更换大电机 ②联系电工处理

5.4.2 蒸汽往复泵操作法

目前溶剂脱沥青装置使用的往复泵有单缸往复泵和双缸往复泵，它们都是蒸汽驱动的活塞泵，多用于输送沥青或柴油冲洗、冲压泵。

(1) 开泵前的准备工作

检查泵各连接点、地脚螺栓等有否松动；零部件是否齐全，压力表是否安装和准备好用，盘根是否加足压紧；向注油器加足气缸油，摇动注油器，观察是否好用，向油缸、气缸盘根压盖处加气缸油数滴，拉杆等活动点加机油数滴；打开泵的出入口阀，压力表阀；开少许蒸汽并打开排凝阀，提前半小时预热泵体，注意蒸汽不能开太大，防止泵自动运行。

(2) 开泵

打开气缸排凝阀，再打开蒸汽入口管线上的切水阀切水。稍开主汽阀预热气缸，直到气缸排凝阀排出蒸汽为止，热后关闭排凝阀。打开乏汽阀。慢慢开大进汽阀，使泵的冲程数达到操作要求。检查油缸、气缸、运转各部件是否正常，压力是否稳定，有否异常振动和杂音。

(3) 停泵

关闭气缸进汽阀。打开气缸脱水阀，排尽冷凝水。关闭油缸出入口阀。禁止采用关闭油缸出口办法停泵。

(4) 正常维护

经常检查出口压力，冲程数是否正常稳定。经常检查油缸，阀门盘根、法兰等密封是否漏油、漏气，发现问题及时处理。保持运行中各种部件润滑良好，及时向注油器及各注点加油。注意检查填料箱温度泄漏情况，控制泄漏在指标之内，又不使填料过紧超温。泵的冲程数如突然发生较大的变化，应及时调节蒸汽量，检查后路是否堵塞。经常检查机泵振动、声音是否正常，地脚螺栓及连接、活动部件有无松动。

(5) 蒸汽往复泵常见故障与处理

蒸汽往复泵常见故障与处理见表 5-2。

表 5-2　蒸汽往复泵常见故障与处理

故障现象	故障原因	处理方法
流量不足或输出压力太低	① 吸入管道阀门稍有关闭或阻塞，过滤器堵塞 ② 阀接触面损坏或阀面上有杂物使阀面密合不严 ③ 填料泄漏	① 打开阀门，检查吸入管和过滤器 ② 检查阀的严密性，必要时更换阀座 ③ 更换填料或拧紧填料压盖
异常响声或振动	① 各运动零件磨损严重 ② 地脚螺栓松动	① 调整或更换零件 ② 紧固地脚螺栓
零件过热	① 传动机构中油箱内的油量过多或不足，油有杂质 ② 填料压盖过紧	① 更换新油，使油量适宜 ② 调整填料压盖

5.4.3　往复式计量泵的操作

(1) 开泵前的准备工作

确认地脚螺栓及出口接管螺栓齐全，并按要求拧紧。压力表、安全阀齐全好用，打开相应的阀门。加入足够的润滑油，使其液位略高于视镜刻度线。确认所需输送的流体有一定液位。确认行程调节表指示为零位。联系电工送电。

(2) 开泵

改通流程，打开入口阀、出口阀。启动电机，先让泵在零位行程状态下运行 3~5 分钟。检查无异常情况后，每隔 5 分钟调节一次不大于 20% 量的行程。调节行程直到所输送的流量，满足工艺要求。

(3) 停泵

调节行程到零位；按停泵按钮停机；关闭泵出入口阀。

(4) 往复式计量泵常见故障与处理

往复式计量泵常见故障与处理见表 5-3。

表 5-3　往复式计量泵常见故障与处理

故障现象	故障原因	处理方法
流量不足或输出压力太低	① 吸入管道阀门稍有关闭或阻塞，过滤器堵塞 ② 阀接触面损坏或阀面上有杂物使阀面密合不严 ③ 柱塞填料泄漏	① 打开阀门，检查吸入管和过滤器 ② 检查阀的严密性，必要时更换阀座 ③ 更换填料或拧紧填料压盖
压力波动	① 安全阀导向阀工作不正常 ② 管道系统漏气	① 调校安全阀，检查清理导向阀 ② 处理漏点
异常响声或振动	① 各运动副间隙磨损严重 ② 轴弯曲 ③ 轴承损坏或间隙过大 ④ 地脚螺栓松动	① 调整或更换零件 ② 校直轴或更换新轴 ③ 更换轴承 ④ 紧固地脚螺栓
轴承温度过高	① 轴承内有杂物 ② 润滑油质量或油量不符合要求 ③ 轴承装配质量不好	① 清除杂物 ② 更换润滑油，调整油量 ③ 重新装配
密封泄漏	填料磨损严重	更换填料
零件过热	① 传动机构中油箱内的油不足或油有杂质 ② 填料压盖过紧	① 更换新油，使油量适宜 ② 调整填料压盖

5.4.4 螺杆泵的操作

用蒸汽往复泵来输送沥青，由于其一些固有的缺点，如振动较大、不易操作、卫生清理较难等，所以有些厂用螺杆泵来代替蒸汽往复泵输送沥青，效果不错。

为防止溶剂被沥青携带，造成溶剂损失，通常脱油沥青汽提塔要保持较高的液面。以前蒸汽往复泵是通过控制蒸汽入口阀的开度来调节往复泵冲程数，实现沥青流量的控制，从而调节脱油沥青汽提塔液面。现在是利用螺杆泵出口向入口打回流，即采用旁路调节法来控制沥青出装置的流量，从而保证脱油沥青汽提塔有一定的液面。当脱油沥青汽提塔液面高时，控制阀关闭，回流减小，沥青出装置流量增大，使脱油沥青汽提塔液面下降。此控制方案也可采用变频调速器，通过调节电机的转速，控制螺杆泵的输送流量，从而达到控制脱油沥青汽提塔液面的目的。

(1) 启动

改通扫线流程，打开扫线蒸汽对泵体进行扫线。打开保温蒸汽线，对泵体进行预热，同时应打开冷却水阀门，冷却轴承等部位。打开泵进口阀及排出阀，让沥青充满泵内。手动盘车，检查是否有异常现象。启动电机，调节回流阀开度，使脱油沥青汽提塔保持一定的液面。泵投入运转后，应仔细检查电机电流，泵出口压力、轴密封及振动等是否有异常现象。

(2) 停用

按停电按钮，停止电机运转。关泵出入口阀，改通扫线流程，对泵体进行扫线，扫净残存的油品，同时注意扫净残存的回流调节阀。冬季做好防冻凝工作。

(3) 维护保养及注意事项

按时检查泵出口压力、电流等，注意出口不要憋压。检查冷却水是否畅通，防止轴承烧损。检查泵体电机运行情况，不应有过大的振动及噪声。检查泵前端密封是否泄漏，如有泄漏，停泵联系钳工维修。

(4) 螺杆泵常见故障与处理

螺杆泵常见故障与处理见表 5-4。

表 5-4 螺杆泵常见故障与处理

故障现象	故障原因	处理方法
流量不足或输出压力太低	① 吸入管道阻塞 ② 回流阀开度不合理	① 检查吸入管流程 ② 检查回流阀
异常响声或振动	① 各运动零件磨损严重 ② 地脚螺栓松动	① 调整或更换零件 ② 紧固地脚螺栓
零件过热	传动机构中油箱内的油量不足或油有杂质	更换新油，使油量适宜

5.4.5 压缩机的操作

压缩机在溶剂脱沥青装置中的作用是把各汽提塔顶来的溶剂气进行压缩，使之升压，然后经过冷却系统变为液体回到溶剂罐重复使用。压缩机主要在丙烷脱沥青装置得到应用。下面介绍一下比较常见的型号：4L-12.5/22，属于活塞式压缩机。这类压缩机的特点是适用压力范围广、效率高、适应性强，可用于较广的排量范围，因其排量受排气压力变化的影响较小，所以应用的范围很广泛。以北京通用机械厂生产的溶剂压缩机为例，来说明活塞式压缩机型号中各符号所代表的意义：

4——设计序号，即机种系列号；

L——气缸排列形式：直角式；

12.5——入口状态下排气量，m^3/min；

22——最高压力，kgf/cm^2。

活塞式压缩机主要由传动机构、工作部件以及机体构成，此外还有润滑、冷却、调节等辅助系统。它的传动机构是曲轴连杆机构，由电机通过飞轮带动曲轴旋转，连杆的大头装在曲轴上，其小头与十字头相连，因而，曲轴通过连杆带动十字头在滑道内做往复运动。其工作部分包括气缸、气阀、活塞组件及填料等。气缸的内表面与活塞工作端面所形成的空间是实现气体压缩的工作腔。气阀是装在气缸上控制气体做单向流动的，吸气阀只能吸气，排气阀只能排气。气阀的启闭动作主要由缸内外压力差及气阀弹簧控制。活塞在气缸内做往复运动时，使工作腔的容积做周期变化，它与吸、排气阀的启闭动作相配合，实现包括膨胀、吸气、压缩和排气四个过程的工作循环，从而不断吸入、压缩并排出气体。本机为双作用气缸。曲轴每旋转一周，带动活塞在缸内往复一次，气缸两侧各实现一次工作循环。本机为两级压缩，气体经一级缸压缩升至0.4MPa后，经中间冷却器降温后，再被吸入二级缸继续压缩升至2MPa左右。一般压缩机的润滑分为两个系统：一个供传动机构的润滑，靠轴头的齿轮油泵循环供油；另一个供气缸内活塞组件等的润滑，采用压缩机油，靠高压注油器注入气缸。

(1) 压缩机的开车

① 准备工作。检查设备、管线、阀门、安全阀、压力表、温度汁、消防器材是否齐全好用，阀门开关是否正确。将注油器加足润滑油，液面1/2~2/3，并用手摇动注油器，观察注油情况，将曲轴箱内加足液压油。检查冷却水是否畅通，水温及水压情况，打开中冷器、润滑油冷却器和一、二段缸的冷却水上下水阀。打开中冷器，溶剂接收罐，凝缩油分离罐，凝缩油接收罐，压缩机一、二段切水阀切水，切完后将阀关闭。盘车2~3圈并将平衡锤置于最轻启动位置。

② 压缩机的空运。按电门，启动压缩机，注意细听各部件声音是否正常。检查各部件温度、压力、电机电流，以及齿轮泵，注油器，曲轴箱，一、二段缸，出入口瓦鲁的工作状况。

③ 压缩机带负荷运转。空运时检查无问题后即可带负荷运转，顺次打开二段出口、二段入口、一段出口各阀。缓慢打开一段入口阀，由一段入口阀开度控制溶剂分水罐压力及电机电流在允许范围内。

(2) 压缩机的停车

① 正常停车。关一段入口阀，按电门停电机运转。关一段出口、二段入口、二段出口各阀。打开一段入口和二段出口连通阀，将机内压力释放。中冷器和一、二段缸排凝。关上下水阀，冬季稍开上下水阀防止冻凝。

② 紧急停车。出现下列情况，应紧急停车：

溶剂分水罐液控失灵，溶剂接收罐液面高，经处理无效，压缩机有抽液体的危险。冷却水中断或中冷器严重漏水。压缩机盘根、瓦鲁等处严重泄漏溶剂。部分瓦鲁打碎，振动突然增大，气缸、曲轴箱等处发出异常的声音。电机故障，如电流过大、温度过高或冒烟等。润滑油系统出故障，经处理无效。管路连接处松动，严重漏气。

③ 紧急停车步骤。按电门停电机运转。关二段出口阀，将溶剂接收罐内溶剂放入事故罐或立即投用另一台压缩机，以防溶剂分水罐超压。其余同正常停车处理。

(3) 压缩机的正常维护

经常检查电机电流、各部件温度、压力、润滑、冷却和运转情况，每小时做一次记录。注意溶剂分水罐、溶剂接收罐压力，防止压缩机超负荷。定期对溶剂接收罐、凝缩油接收罐切水或凝缩油。经常倾听、辨别压缩机运转时发出的声音，判断运转是否正常，以决定如何处理。经常检查各安全阀使用情况。经常检查润滑油质量，适时更换或添加。冬季要做好备用机的防冻凝工作。

(4) 压缩机正常运行时的控制参数

一段出口温度、压力，二段出口温度、压力，电机电流，电机温度，轴承温度等。

(5) 压缩机常见故障及处理措施

压缩机常见故障及处理措施见表 5-5。

表 5-5 压缩机常见故障及处理措施

故障现象	原因	处理措施
排气量不足	① 瓦鲁泄漏，特别是一段漏气 ② 填料漏气 ③ 一段气缸余隙容积过大 ④ 气缸、管路、中冷器法兰连接处垫片破损	① 更换瓦鲁 ② 检查填料的密封情况，若磨损严重就需更换 ③ 调整气缸余隙至合适值 ④ 更换垫片或加以紧固
气缸内发出异常声音	① 瓦鲁破损，碎片掉入汽缸内 ② 压缩机抽液体 ③ 气缸与活塞的上下止点间隙太小发生击缸现象	① 停机更换瓦鲁，清理碎片 ② 及时停车，查找原因，排除故障 ③ 加大上下止点间隙
气缸发热	① 冷却水流量不足或中断 ② 气缸内润滑油量太少或润滑油中断，如油泵、注油器工作不良 ③ 脏物进入气缸使磨损加剧	① 检查排除故障 ② 联系钳工维修 ③ 停车清理缸内脏物
压缩机振动大	① 气缸有异物掉入 ② 填料和活塞环严重磨损 ③ 压缩机各部件结合不好 ④ 气流脉动引起共振 ⑤ 出入口管线配管不合适	① 停车排除异物 ② 更换填料和活塞环 ③ 检查调整，特别要彻底紧固地脚螺栓 ④ 采取措施改变共振现象 ⑤ 采用合适的配管
压缩机气缸缸体冻裂	由于冷却水杂质较多，造成缸体冷却线路有淤泥，冬季停工时气缸缸体内的冷却水被淤泥堵塞未能放净，将缸体冻裂	冬季备用机不停冷却水保持流动或投用压缩机房内暖气
润滑油压力偏低	注油泵不上量或链条脱落	联系钳工维修

5.5 冷换设备的操作

5.5.1 换热器

5.5.1.1 换热器的结构、原理及性能

换热器是溶剂脱沥青常见的设备，使介质通过换热器相互换热，同时回收部分热量，达到节能的目的。

在高压系统中最常用的换热器为 U 形管式换热器。换热器管弯成 U 形，两端固定在同一管板上，管束可以自由伸缩，不会因介质温差而产生温差应力。因为这种换热器只有一块

管板，且无浮头，因而价格比浮头要便宜，结构也简单，管束可以抽出清洗管间。但管内在U形弯头处不易清洗，管板上排列的管子少，管束中心部分存在空隙，使流体易走短路；管束中部管子不能检查更换，堵管后管子报废率较直管大一倍，管束抗震性差。这种换热器适用于两种介质温差较大，或壳程介质易结垢，需要清洗，管程介质无杂质，不易结垢的物料。

5.5.1.2 换热器的操作

(1) 换热器的投用

换热器的本体与附件用法兰、螺栓连接，垫片密封，由于材质不同，升温过程中，特别是超过200℃时，各部分膨胀不均匀造成法兰面松弛，密封面压比下降；高温时，会造成材料的弹性模量下降、变形，机械强度下降，引起法兰产生局部过高的应力，产生塑性变形，弹力消失。此时压力对渗透材料影响极大，或使垫片沿法兰面移动，造成泄漏。为了消除法兰松弛，使密封面有足够的压比以保持静密封效果，一般需要在250℃时进行热紧。

换热器投用前，要检查换热器的封头、垫片安装；检查换热器的低点排凝、高点放空；检查换热器的温度计、压力表；要先通冷流后通热流，注意避免单边受热，管壳两侧升温要缓慢；两路或多路换热器控制时，进料要单路、逐一进行，防止偏流。

(2) 换热器的停用

换热器的停用应当遵循“先停热流后停冷流”的原则，将换热器的热流切出或改旁路，然后将换热器的冷流切出；要注意避免单边受热；换热器的管、壳程介质要排尽，对于冷却器，应将管程内存水放净，冬季做好防冻防凝；换热器停用后，应将管、壳程的放空打开，防止憋压或抽成负压损坏设备；如需检修，换热器要吹扫干净。

(3) 换热器泄漏的检查

换热器的泄漏一般有两种：外部泄漏和内部泄漏。外部泄漏容易看得见，无法目测的泄漏也可用可燃气报警仪或肥皂水来检测。内部泄漏不易发现，要加强检查防止物料从压力高的一侧漏进压力低的物料中。当换热器管束发生泄漏时，一般选用管程打压来查找漏点。

5.5.2 空冷器的操作

5.5.2.1 空冷器的基本类型与结构

空冷器按通风方式分为鼓风式、引风式和自然通风式三类；按冷却方式分为干空冷器、湿空冷器和干湿联合空冷器，其中湿空冷器又可分为喷淋蒸发型、增湿型和湿面型；按被冷却介质出口温度的控制方式分为百叶窗调节式、可变风机叶片角调节式、调速电机式、热风循环式、蒸汽伴热式五种类型；按管束布置方式分为水平式、倾斜式、圆环式、V形及多边形等。

空冷器结构包括：管束、风机、构架、其他附件(如百叶窗、梯子、平台、蒸汽盘管)等。湿空冷器和干湿联合空冷器还有一个喷水系统。

5.5.2.2 空冷器的投用

根据环境温度，适当打开进出空气的百叶窗(有回流百叶窗的空冷器，在冬季应关闭进出空气的百叶窗，打开回流百叶窗)；打开空冷器进出口阀；控制盘送电；有自动控制的空冷器，将百叶窗及风扇投入自动控制；根据工艺需要，给定空冷器环境温度；适当调节叶片、百叶窗角度，达到工艺要求。

5.5.2.3 运行中的检查

检查冷却效果能否满足正常生产要求；检查附机(轴流风机或减速机)运行是否正常；

检查管箱、管束等部位有无泄漏、有无严重结垢；检查进出口法兰、阀门及焊口、丝堵有无泄漏；检查管束有无严重变形；检查风机防护罩是否完好，防雷防静电措施是否完好。

5.5.2.4　空冷器使用注意事项

冬季启动空冷器时，应关闭进出空气的百叶窗；启动空冷器时，自动控制的要改成手动控制；冬季运行要防止空冷器偏流，发生冻堵；冬季长时间停用时，要关闭空冷器进出口阀。

5.6　系统的控制与调节

5.6.1　自动调节系统

（1）目前，国内溶剂脱沥青装置自动化水平主要分为两大类：

① 采用常规仪表。其先进程度依次为：智能化仪表、电动单元组合仪表、气动单元组合仪表。

② 采用工业控制计算机进行集中分散控制，具有技术先进、功能齐全、组态灵活、操作方便、安全可靠等优点。特别是对实施先进控制、优化控制等极为有利。

（2）常用仪表分类：

① 按动力源分为气动仪表、电动仪表、液动仪表。

② 从构造上分为基地式仪表、单元组合仪表。

③ 从功能上分为测量仪表(包括变送器)、显示仪表、调节仪表、调节阀、成分分析仪表和辅助仪表等。

5.6.2　工艺联锁

溶剂脱沥青装置是易燃易爆装置，因此，安全生产显得特别重要。当出现异常情况时(例如：关键设备故障、火灾、溶剂泄漏等)，重要的工艺操作参数严重超标，这时可以通过安全联锁系统自动启动相关的设备紧急处理程序，使设备运行、装置生产进入安全处理状态，保护设备、保证人员安全，避免事故扩大。常见的安全联锁系统有：加热炉联锁系统、关键机泵联锁系统等。

5.6.3　压力的控制与调节

压力是操作中一个比较关键的工艺参数。

对于丙烷脱沥青装置，通常整个装置可以分成三个部分：萃取-临界回收系统(包括萃取塔、临界回收塔及其所属设备，操作压力在3.6~4.6MPa左右)、中压蒸发回收系统(包括轻、重脱沥青油蒸发塔，沥青蒸发塔和溶剂罐及所属设备，操作压力在1.7~2.2MPa左右)、低压汽提回收系统(包括轻、重脱沥青油汽提塔，脱油沥青汽提塔和溶剂分水罐及所属设备，操作压力在0.02~0.20MPa左右)。

对于丁烷脱沥青装置，通常整个装置可以分成两大部分：萃取-超临界回收系统(包括萃取塔、超临界回收塔及其所属设备，操作压力在3.7~5.4MPa)、低压汽提回收系统(包括脱沥青油汽提塔、脱油沥青汽提塔、溶剂分水罐及所属设备，操作压力在0.49~0.88MPa)。

由于压力不同，溶剂所处的状态、性质不同，所起的作用也不同。对系统操作而言，必须掌握以下压力参数：萃取塔压力、(超)临界塔压力、溶剂罐压力以及低压溶剂分水罐压力。它们之间既相互独立，又相互影响。

（1）萃取塔压力

一般来说，对萃取塔压力的要求是保证溶剂在塔内为液相即可，但随着塔内压力的增加，溶剂的密度加大，溶解度也相应有所增加。但由于不同的工艺方案及设备压力等级的限制，萃取塔的压力一般控制在一定范围内。当萃取塔超压时，不要简单地开大萃取塔压力调节阀开度或提高萃取塔、沉降塔底流量，可暂时先降低预混（稀释）或副溶剂流量，这样既不至于影响脱沥青油质量，同时又不会增加回收系统的负荷，造成溶剂罐超压，待操作平稳后再恢复原有的设定值。

一般测压点设在萃取塔的顶部，对于有沉降塔的装置来说，在萃取塔与沉降塔之间存有一定的压降，一般在0.2~1.2MPa。通常萃取塔顶脱沥青油溶液走换热器壳程，或将换热器串联改为并联使用，操作中防止由于压力的降低使沉降塔顶产生相变，同时也要防止萃取塔超压。

（2）临界塔压力

临界塔的压力控制一般有以下三种情况：亚临界回收、临界回收和超临界回收方案。对于没有增压泵的装置，一般采用亚临界回收方案，压力在3.8~4.0MPa，回收的溶剂约占进料中溶剂的65%左右，它们经换热冷却后直接返回溶剂罐。临界回收一般操作压力控制在4.2~4.3MPa，它回收的溶剂量占进料中溶剂的70%左右。目前国内以丙烷为溶剂的装置，严格地讲，还没有超临界回收装置。但广州石化、洛阳石化和镇海炼化等的丁烷脱沥青装置采用的是超临界回收工艺，如丁烷的临界压力是3.75MPa，临界温度为152℃，它的操作压力为4.5~5.1MPa，温度在180~250℃，超临界回收工艺可回收进料中溶剂的80%~90%。相比较而言超临界回收比临界回收多回收20%左右的溶剂。降低了能耗，但相对于丙烷装置，它的一次性设备投资还要增加许多。综合起来考虑，对于丙烷脱沥青装置，目前临界回收工艺是一个比较合适的选择。

实际操作中，萃取与临界回收是一个密不可分的整体。上面三个控制方案中，由于增压泵位置的不同，萃取塔、临界回收塔压力控制方案也有区别，但无论如何，临界溶剂中都会含有少量的油分，一般在0.1%~0.5%。

（3）溶剂罐压力

溶剂罐的压力决定着溶剂泵的平稳运行，蒸发塔的平稳操作和装置能耗水平的高低。在正常生产中通常产生不凝气如C_1、C_2等组分，使得溶剂罐常在夏季超压，需定期向火炬系统排放。

萃取塔、临界塔底界面偏低或无液面，会使多余的溶剂进入中压蒸发系统（对于丁烷装置，则是低压汽提回收系统），造成中压冷却系统超负荷，甚至造成溶剂罐超压，因此稳定地控制萃取塔与临界塔的界面对于稳定溶剂罐压力，降低能耗有很大关系。为了更好地控制溶剂罐压力，一般在入口管线设置压力调节阀。

对于溶剂来讲，烯烃是非理想组分，不仅因为它的溶解度低于对应烷烃，且饱和蒸气压高于对应烷烃（例如40℃时，丙烷的饱和蒸气压为1.4MPa，丙烯的饱和蒸气压为1.7MPa，50℃丙烷的饱和蒸气压为1.7MPa，丙烯的饱和蒸气压为2.0MPa）。

（4）低压溶剂分水罐压力

低压溶剂分水罐的压力取决于溶剂物性、压缩机的效率与负荷、中压蒸发塔的回收效果以及汽提蒸汽的压力等因素。一般来说，低压溶剂分水罐压力低，有利于降低溶剂的消耗，提高产品的闪点，但压力也不可控制过低，防止油品从塔顶进入溶剂分水罐。

通常蒸发塔底油品中溶剂的含量在3%左右，它取决于蒸发塔的压力、温度。当溶剂分水罐压力升高时，可以采取提高压缩机负荷、提高蒸发塔进料温度或降低蒸发塔底流量，稳定蒸发塔底液面等措施。

汽提蒸汽一般采用0.3MPa过热蒸汽，流量一般控制在汽提塔进料量的3%左右。有的装置采用1.0MPa过热蒸汽作为汽提蒸汽，这样汽提塔的操作压力可稍高一些。一般丙烷分水罐的压力控制在0.02~0.12MPa，丁烷分水罐的压力控制在0.49~0.69MPa。

为了安全起见，在萃取塔、临界塔、丙烷罐及低压丙烷分水罐上均设有安全阀和压力高限报警。正常生产时，一定要定期检验报警仪，防止发生事故，保证设备安全。

(5) 辅助系统压力

许多丙烷装置的原料缓冲罐的压力控制在0.2~0.4MPa，防止原料泵机械密封泄漏，保证设备长周期运行。

燃料气罐的压力取决于各厂的系统管网压力，一般分为中压燃料气和高压燃料气两种。

安全阀超压放空最好并入全装置安全阀放空罐，就地放空既不安全又污染环境。

燃料油的压力一般控制在0.8~1.0MPa，这样有利于燃料油的雾化和火焰的燃烧。仪表用风压一般为0.4MPa，最好设置风压低限报警，当风压降低时及时同调度或空压站联系，保证安全生产。

一般来说，主蒸汽的压力不低于0.8MPa，一方面，可以稳定控制各加热器出口温度，保证产品质量和溶剂回收所需的热量；另一方面，特别是有蒸汽往复泵的装置，蒸汽压力降低造成沥青输送不畅，有时会造成管线凝堵使装置停产。

循环水的压力有时会被忽视。在冬季这个参数不是很重要，但在夏季，它却有可能影响溶剂罐的压力、临界溶剂的冷却温度以及萃取塔的操作。循环水上水压力最好不低于0.3MPa，回水压力不低于0.2MPa。

总之，压力是一个比较重要的工艺参数。操作中，既要控制好主要的参数，如萃取塔压力、临界塔压力、溶剂罐压力及低压溶剂分水罐压力，又不可忽视辅助系统的压力控制与调节。特别是当生产出现异常时，更应仔细排查，尽早发现问题，解决问题，同时也要掌握它们之间相互影响的关系，确保整个系统的物料平衡、热量平衡及安全生产。

5.7 产品质量调节

5.7.1 脱沥青油质量的调节

脱沥青油作为润滑油料或催化原料，其质量控制指标主要是残炭值、金属含量、黏度等。影响脱沥青油残炭的主要因素有：原料组成、溶剂组成、萃取操作压力、萃取温度、溶剂比、界面等。

(1) 原料组成

相同条件下，不同原料生产出来的脱沥青油残炭值不一样。原料中重组分增加时，脱沥青油残炭值会升高。

(2) 溶剂组成

溶剂组成的变化改变了溶剂的溶解能力，使脱沥青油质量发生变化，溶剂组分轻，溶剂选择性高，溶解能力降低，使得脱沥青油残炭值下降，质量提高；组分重则相反。含烯烃较多，选择性下降，残炭值增加，质量变差。

（3）萃取操作压力

在同等条件下，萃取压力升高，溶剂溶解能力增加，选择性下降，脱沥青油残炭值会增加，压力降低则相反。这时可以根据产品质量及操作情况，适当提高或降低操作压力来改善脱沥青油质量，但压力对脱沥青油质量影响相对较小。

（4）萃取温度

萃取温度是影响脱沥青油残炭值的重要因素。温度升高，溶解能力降低，溶剂的选择性变高，脱沥青油质量提高，但收率下降。

（5）溶剂比

溶剂比是影响脱沥青油质量及收率的重要因素，溶剂比大脱沥青油质量及收率都大，但过大的溶剂比会使操作费用增加。为达到较好的经济效益，一般溶剂比控制在一定范围。

（6）界面

界面的高低会影响到副溶剂二次萃取的时间以及脱沥青油相与脱油沥青和胶质的分离时间，进而影响脱沥青油质量，如果界面太高，容易引起萃取塔或沉降塔顶部冒黑油，脱沥青油残炭值大幅升高。

5.7.2 脱油沥青质量的调节

道路沥青质量控制的主要指标有延伸度、软化点、针入度等。有些道路沥青的质量指标中对蜡含量也有要求。

5.7.2.1 延伸度的调节

延伸度的定义：将油品做成标准试件，在一定温度，以一定速度拉伸至拉断时的长度，叫该油品的延伸度或伸长度。

延伸度反映道路沥青的延展性，是沥青质量的重要指标之一。一般情况下，沥青的延伸度越大越好。高等级道路沥青对延伸度有更高的要求。延伸度主要由原料性质决定，操作条件的变化很难提高沥青的延伸度，因此，在生产中遇到沥青延伸度不合格时，要及时联系调度要求换罐。

5.7.2.2 软化点的调节

软化点的定义：将油品加热软化，在钢球荷重下变形并坠至下承板时的温度，称为软化点。

软化点是沥青质量的重要指标之一，沥青软化点的高低与原料性质和操作条件有关。在同等条件下，不同原料生产出的沥青软化点会不同，如果采用降低萃取进料温度，增大副溶剂等手段，沥青的软化点会相应提高。

5.7.2.3 针入度的调节

针入度的定义：在规定温度和荷重下，针入度计的标准圆锥体在 5 秒钟内垂直沉入试样的深度，以 1/10mm 为单位。

针入度是沥青质量中稠度指标，其值越大，表示沥青越软。目前国内道路沥青牌号就是按针入度的大小来分类的。沥青针入度的大小除了与原料性质有关之外，还与操作条件的改变有密切关系，在生产中属于可控指标。影响沥青针入度的因素有几方面。

（1）萃取塔、沉降塔的进料温度

萃取塔、沉降塔的进料温度是影响沥青针入度的重要因素，温度升高，溶剂溶解能力降低，沥青和胶质中轻组分含量多，针入度变大；反之，针入度变小。

(2) 副溶剂量

一般来说，相同条件下副溶剂量越大，针入度越小。

(3) 调和比

对于某些溶剂脱沥青装置来说，调和比(脱油沥青与胶质的流量比)是调节沥青针入度最直接最常用的手段。调和比升高，沥青针入度降低；反之，沥青针入度上升。

总之，影响道路沥青和脱沥青油质量的因素有很多，调节手段也很多。实际生产中调节脱沥青油产品质量对脱沥青油收率、道路沥青的质量以及装置的能耗都有影响，应以装置的经济效益最大化为原则来指导生产。

5.8 辅助系统

5.8.1 温水系统

针对重油加工的特点，为了防凝，有些溶剂脱沥青装置配置了温水系统。温水系统实际上是一个密闭的循环热水系统，主要是为了脱沥青油和燃料油产品冷却。循环热水的温度要高于产品的凝固点。该系统包括一个循环热水罐、循环热水泵及一个循环热水冷却器。循环热水罐为循环热水系统提供了一个缓冲、膨胀的空间。此罐与大气相通(即常压罐)。循环热水泵将水送到脱沥青油产品冷却器和燃料油冷却器。循环热水的循环流量根据需要由调节阀来调节，多余的水走短路(即不经过冷却)。循环水从产品冷却器或不经产品冷却器(一部分)，再经温度控制器的调节返回循环热水罐，调节后的水温按照需要保持其在到达产品冷却器入口为65℃。此外该系统中还装有一个附加罐用来周期性添加溶解防腐剂。使用的热水一般为软化水，以减少管线设备的结垢和腐蚀。开工引水过程中应当注意顺流程将系统管线内的空气赶尽。日常操作中，要注意检查维护温度控制器的正常运行，避免因仪表失灵引起泵抽空、产品出装置超温或凝堵等问题发生。

5.8.2 柴油系统

柴油主要用于燃料油的调和、泵密封及装置管线设备冲洗，有的装置还作为加热炉空气预热器的热载体介质。

有些装置发生沥青管线凝堵时，启用紧急冲洗系统常会遇到以下问题：沥青系统温度较高，柴油进入后急剧汽化(如进入汽提塔)，容易污染溶剂；装置备用柴油通常为常温储存，如果在冬季打入沥青管线会吸收大量热量，使管线温度骤降，造成输送困难。因此，将装置内较轻的油品(如胶质、脱沥青油)与沥青系统相连作为紧急冲洗油，可以较好地解决这类问题。

5.8.3 公用工程系统

5.8.3.1 循环水的引入

联系生产管理部门、供排水等有关单位，准备引循环水进装置，在确定装置达到循环水系统冲洗条件后，缓慢打开循环水进出装置总阀。引入前先打开循环水线上高点放空，将管线内的存气排出，各机泵所用的循环冷却水，在上水排净后，先向地沟排放(水冲洗前，按照先远后近，先粗线后细管线的原则，直至所放出的水干净为止)。所有用循环水做冷却介质的换热器，引入循环水之前，先将上水与回水法兰拆开，在进入冷却器法兰处隔离，冲洗干净，避免将污物带入换热器内。循环水线分上水和下水分别进行水冲洗，并对各设备循环水上下水接线是否正确进行确认。循环水总线畅通，各分支线畅通，水清无漏点为合格条件，否则继续冲洗至合格。在循环水冲洗干净后，若设备达到要求，将其循环水上下水线连接好，投用循环水。

5.8.3.2 新鲜水的引入

联系生产管理部门、供排水等有关单位，准备引新鲜水进装置。拆开新鲜水进装置界区阀后法兰，打开新鲜水进装置界区阀，用新鲜水冲洗干净后再引水到各使用设备入口。在新鲜水引入使用设备之前，应先在设备前放空或拆法兰冲洗，待水清后再引入使用或改作其他用途。

5.8.3.3 除盐水的引入

联系生产管理部门、动力管网及有关单位，准备引除盐水进装置。自装置外除盐水给水至总管线，拆开装置界区阀后法兰，打开进装置界区阀放水，水清后关阀，恢复拆开法兰。引除盐水进装置，分别拆注水罐液控阀、进注水罐前法兰冲洗。冲洗干净后，恢复流程，引水进注水罐，底部放空阀排水，排尽后关阀。

5.8.3.4 蒸汽的引入

联系生产管理部门、动力管网及有关单位，准备引蒸汽进装置。从装置外缓慢引蒸汽先在界区阀前排凝放空，然后在蒸汽分水罐前拆法兰吹扫(拆近壁法兰，内侧采取措施临时隔离)，防止污物吹入罐内。进装置蒸汽总管吹扫干净后，在蒸汽分水罐出入口接临时线吹扫装置内的主管线。主管线吹扫干净后，改吹扫装置内各蒸汽使用管线。从主蒸汽管线的末端开始，分别拆各使用设备的入口法兰并打开各支管线上的阀门，对所有支管线进行吹扫，吹扫完毕后投用该蒸汽线。

5.8.3.5 氮气的引入

联系生产管理部门和相关单位，装置准备引氮气。拆装置内氮气总线管端法兰，自装置界区阀引氮气先吹扫总管。吹扫前，先将孔板、控制阀拆下，防止杂质将孔板和控制阀堵塞，待吹干净后，恢复所拆部件。总管吹扫干净后，再吹扫各分支管线，吹扫各分支管线时，应从氮气线末端支管开始逐条进行，并在各低点进行排凝。氮气引入装置后，要将与氮气扫线相连的其他工艺介质管线、容器用盲板或双阀隔离，并将双阀之间的放空打开，严禁其他工艺介质串入氮气系统。

5.8.3.6 (非)净化风的引入

联系生产管理部门和相关单位，装置准备引(非)净化风。打开界区手阀，引(非)净化风进装置，在风罐前拆法兰排放，干净后，引风进罐，在罐底部和顶部放空。风罐吹扫干净后，依次吹扫风线至各控制阀前排放。系统吹扫干净后，关闭各放空阀，充压气密。

5.8.3.7 燃料气的引入

拆掉加热炉各火嘴前短管或短节、阻火器、控制阀、流量孔板、拆开瓦斯分液罐入口法兰，打开加热炉瓦斯管线高点放空、各低点排凝。自瓦斯进装置界区阀后给低压蒸汽对瓦斯系统进行全面逐段吹扫，扫尽管线内铁锈、焊渣等杂质。在各拆开部位放空，检查吹扫质量。蒸汽吹扫结束后，关闭瓦斯线上的所有放空阀和火嘴前手阀，恢复拆开的各部件，连接好火嘴前瓦斯软管或短节。瓦斯系统用蒸汽充压气密检查。气密合格后，分析瓦斯系统内氧含量符合安全规定后，关闭所有放空置换点，系统保持微正压，联系生产管理部门、相关单位准备引瓦斯。拆除界区瓦斯线盲板，打开瓦斯界区阀，引瓦斯进装置。

第 6 章　事故分析及处理

6.1　事故处理的基本原则

溶剂脱沥青装置具有高温、高压、物料危险性高的特点。由于事故发生具有突发性，因此，在事故发生时，要做到全面了解、正确分析、准确判断、及时处理、措施得当。关键时刻更要胆大心细，当机立断。按照事故的危害性大小顺序来进行处理，将事故危害控制在最小的范围以内。首先，应该将人身安全放在第一位，一旦人身没有危险，则尽一切努力保护设备。其次，对设备最具破坏力的情况应该优先处理。操作人员必须迅速判断出最有破坏力的因素，以便及时采取有效措施。最后，按照使装置迅速、容易重新启动的原则进行处理，使各方面的损失降到最小程度。

6.2　紧急停工

当装置发生重大事故，经努力处理仍不能消除或其他对装置安全有严重威胁的情况发生时，应立即实施紧急停工。例如以下几种情况：装置发生油品、燃料气、溶剂严重泄漏，危害到安全生产；装置长时间停水、停电、停汽、停风；加热炉炉管穿孔；周围装置出现严重火灾、爆炸事故；发生重大的自然灾害；装置内关键机泵故障，没有备用泵，需要紧急停车。

当发生事故时，首先通知生产管理部门和相关人员，然后根据事故类型、事故性质、事故的影响，果断采取合适的措施。发生火灾时立即报警，并切断或减少流向着火点的可燃物质。发生人员中毒时，在做好自身防护的前提下，积极组织现场自救和抢救。当出现危险物质严重泄漏时，视现场情况，组织人员安全撤离。当加热炉区周围出现易燃易爆物质严重泄漏，有可能出现着火、爆炸时，应立即熄灭炉火。

处理过程中应该防止炉管结焦、炉膛发生二次爆燃损坏设备。避免高低压系统跳安全阀。注意与上下游装置和环境有关的操作，防止出现冒油、冒罐、跑料等事故。如系统发生溶剂泄漏，应根据实际情况，将损坏设备隔离，退尽物料并用蒸汽掩护泄漏部位，加热炉区开蒸汽掩护。估计停工时间较长应该防止沥青等重油管线冻凝堵塞，应及时启用柴油冲洗管线。

6.3　常见事故处理

6.3.1　工艺操作事故处理

6.3.1.1　萃取塔塔顶冒黑油

现象：塔内温度梯度变小；沥青抽出量很小，而塔底仍无界面，或者沥青抽出量很大，界面仍很高；脱沥青油采样口放出的油样颜色较深；油品化验结果脱沥青油残炭、黏度上升。

原因：萃取塔顶温度过高或过低；溶剂比不当或副溶剂量过大；塔底界面过高，或底流量偏小；溶剂或原料带水，临界溶剂大量带油；渣油性质变化大或溶剂组成变化太大；原料进塔温度大幅度下降；转盘转速太快；塔内混相；仪表指示失灵。

处理方法：调节萃取塔顶温度；调节溶剂比；降低原料进料量，加大沥青抽出量；溶剂罐加强切水、切油，临界塔调整操作，减少临界溶剂带油量；提高原料进塔温度；降低转盘转速；联系仪表人员及时校表；分析溶剂组成，确定是否调整溶剂纯度。

6.3.1.2 (超)临界塔塔顶溶剂大量带油

现象：临界冷却器出口温度上升；从临界塔压控放空阀等处可放出深色的脱沥青油；临界塔压力上升，且压力居高不下；主溶剂流量不稳或降低。

原因：临界塔顶温过高、过低；临界塔压力过低；临界塔界面过高；溶剂重组分含量偏高；仪表指示失灵。

处理方法：调节临界塔温度、压力，使其达到控制指标之内；降低临界塔界面；临界溶剂冷却器升温冲洗；联系有关部门，降低溶剂中重组分的含量；联系仪表人员及时校表。

6.3.1.3 脱油沥青汽提塔塔顶冒油

现象：脱油沥青汽提塔满；脱油沥青汽提塔顶温升高，与底温温差减小；溶剂分水罐顶温度升高；压缩机入口温度升高。

原因：调整不及时，造成物料进出不平衡；仪表指示失灵；汽提蒸汽带水；压力波动。

处理方法：立即关小沥青蒸发塔底流量；联系仪表人员校验；减少脱油沥青汽提塔蒸汽用量，加强脱水；控稳压力。

6.3.1.4 压缩机抽液体

现象：压缩机运转声音异常，甚至有撞缸现象；电机电流突然上升较快。

原因：溶剂分水罐液控失灵，溶剂接收罐液面过高；汽提塔液面满或顶部带油，堵死溶剂分水罐下水；溶剂分水罐顶温高，水汽带入压缩机；凝缩油分离层液面过高；溶剂中重组分含量大；中冷器冷却水量大；中冷器漏水。

处理方法：立即查清原因，处理正常后启用备用机，关放火炬阀；加强切水、切油，适当关小中冷器冷却水量；压缩机紧急停车，联系钳工检修。

6.3.2 设备事故处理

常见的设备问题主要包括转动设备发生故障停运，各类动、静设备及管线的泄漏等。常用的处理方法是：切换设备处理(单体故障或损坏)，停工检修(关键设备或重要管线问题)。

6.3.2.1 溶剂泵故障

现象：萃取塔压力下降，溶剂罐压力上升。

原因：因为停电或机泵本身故障自停。

处理方法：若溶剂泵短时间停机，可降低进料量，高压溶剂系统保持循环运行，关闭萃取塔、沉降塔底出口阀，间断活线；油系统开路运行，加热炉炉膛温度适当降低，适当降低蒸发塔向汽提塔的返量，油品外送量降至管线不凝线所需的最低量；溶剂罐超压放火炬。若溶剂泵短时间内不能修好，应改为按临时停工处理，停增压泵，关各汽提塔进料，停压缩机等设备，停预混(稀释)溶剂，萃取塔停进料；关闭相关塔、容器底出口阀；蒸发塔进料前各加热器停用，处理出装置管线。有些装置溶剂泵出口接增压泵作为冲洗溶剂，当溶剂泵故障且备用泵无法启动时，做紧急停工处理。

6.3.2.2 增压泵故障

在采用不同的萃取-临界回收工艺路线的溶剂脱沥青装置，增压泵所起的作用也有一定的区别，一般分三种情况，一是在高-低压流程中，将临界塔顶溶剂升压使其返回萃取塔；二是在高-低压流程中和溶剂泵串联使用，将临界塔顶溶剂和溶剂泵出口溶剂升压使其返回萃取塔；三是在低-高压流程中，将二次萃取塔顶的脱沥青油-溶剂溶液（对带侧线抽出的萃取塔则为塔顶之脱沥青油-溶剂溶液）升压使其进入萃取塔。对于上述不同的应用情况，其故障状态下的处理大致是相似的。

现象：萃取塔、临界塔压力大幅度波动；主溶剂流量突然下降；增压泵电机电流回零。

原因：因为停电或机泵本身故障自停。

处理方法：如果备用泵因故无法启动，做以下处理：投用临界塔顶溶剂至溶剂罐入口流程，根据溶剂泵能力和设备设计压力控制萃取塔、临界塔压力，确保实现溶剂临界或亚临界回收；降原料量、溶剂量，注意溶剂罐压力，防止超压；联系维修人员对增压泵进行抢修。若无临界塔顶溶剂至溶剂罐入口流程，则应立即实施紧急停工，并抓紧时间进行设备抢修。

6.3.2.3 原料泵故障

现象：进料指示回零、报警；萃取塔压力下降。

原因：因为停电或机泵本身故障自停。

处理方法：如果备用泵因故无法启动，做以下处理：切除原料泵，停预混（稀释）溶剂，原料改自压循环或联系上游装置或罐区吹扫原料线；高、低压系统维持溶剂循环；脱沥青油和沥青继续外送，送完后处理出装置管线，沥青系统柴油循环；联系检修原料泵。

6.3.2.4 溶剂冷却器外漏溶剂

现象：萃取塔压力下降（临界溶剂冷却器泄漏时）；溶剂罐压力下降（中压溶剂冷却器泄漏时）；可燃气体报警仪报警。

原因：热胀冷缩、腐蚀或系统超压。

处理方法：

① 泄漏不严重时，将该换热器停用并泄压处理，溶剂改走该冷却器副线，降原料、溶剂量维持生产，联系维修人员处理。

② 泄漏严重时，向有关管理部门汇报，联系消防队；加热炉熄火并开蒸汽掩护，装置周围设置警戒，禁止机动车辆通行；切断该冷却器与系统的联系，改通抽空流程，紧急泄压，用蒸汽驱赶泄漏出的溶剂；停预混（稀释）溶剂，原料改循环，停溶剂泵、增压泵，装置紧急停工；危险消除后，处理漏点，恢复正常生产。

6.3.2.5 溶剂冷却器内漏（溶剂后冷器）

现象：溶剂罐液面下降较快；循环水下水放空有气泡或出现液态烃波纹；严重时，冷却器循环水出口管结霜。

原因：热胀冷缩或系统压力波动、腐蚀。

处理方法：投用该冷却器副线阀，关溶剂进出口阀，开抽空线泄压；通知有关部门注意循环水中可燃气的浓度，采取必要的防范措施；对该冷却器进行检查，找出漏点进行处理；投用其他未投用的冷却设施，并注意溶剂罐压力变化，如冷却器停用导致压力偏高，应适当降低加工量和溶剂比，必要时溶剂罐向火炬线卸压。

6.3.2.6 萃取塔加热器泄漏

现象：塔顶加热器疏水器放空有油及溶剂气。

原因：水击、热胀冷缩或系统压力波动、腐蚀。

处理方法：

① 若属轻微泄漏，应停用加热蒸汽，将塔壁蒸汽入口、凝结水出口法兰加盲板，待检修时对该加热器进行全面检查、处理。由于加热器停用，将无法满足生产润滑油料的要求，生产催化料时则影响不大，此时，萃取塔顶温度主要通过进料温度和主溶剂温度调节。

② 若泄漏已相当严重，视情况按紧急停工处理。

6.3.2.7 加热炉炉管漏油着火

现象：炉管、焊口或回弯头向外漏油处有小火苗；严重时烟囱大量冒黑烟，炉膛内浑浊不清，负压变正压；炉膛温度急剧上升，炉出口温度升高；更严重时炉出口压力下降。

原因：炉管高温氧化、腐蚀、局部穿孔或施工质量差，焊口、材质不合格；炉管结焦，局部过热烧穿，误操作造成压力、温度过高或剧烈变化，使炉管焊口撕裂。

处理方法：通知消防队；关燃料总阀灭火，全开烟道挡板，打开炉膛灭火蒸汽阀向炉膛吹汽，吹汽前注意切水；关萃取塔底出口或炉出口、入口阀；炉管退尽物料，再用蒸汽吹扫。停止燃料油循环，吹扫原料线。

6.3.2.8 加热炉衬里局部脱落

现象：加热炉外壁局部高温，外壁局部油漆烧黑甚至保温铁皮烧坏，夜间发红；通过看火窗或炉底看火孔可观察到局部脱落。

原因：施工质量差、采用材料差；加热炉升降温时速度过快。

处理方法：对于小块脱落，经研究可以在短时间内修复时，可按临时停工处理；衬里大面积损坏时，按正常步骤进行装置全面停工。

6.3.2.9 机泵抱轴

现象：轴承温度过高、发红或冒烟；轴承与主轴紧抱在一起，无法转动或盘车，密封破坏或着火；转子损坏；联轴器损坏或飞出。

原因：润滑油(脂)变质或无润滑油(脂)；冷却水中断；轴承质量不好，滚珠破碎或轴承安装间隙错误；机泵动平衡破坏，造成机泵剧烈振动。

处理方法：加强润滑管理，润滑油(脂)质量、液位应符合要求；冷却水保持畅通，流量适中；加强巡检，发现异常(如润滑油不足、乳化，冷却水不够，轴承温度高，机泵振动超标等)立即处理。

6.3.2.10 压缩机气缸爆炸

现象：填料泄漏溶剂，造成闪爆；气缸爆炸。

原因：填料磨损严重，造成溶剂泄漏；操作不当，造成憋压，发生泄漏；润滑油质量低劣，油量不足或冷却不充分，造成气缸温度过高，产生爆炸；气阀损坏掉入气缸中或活塞背帽松动，使气缸余隙减小，造成撞缸，产生爆炸；配件质量不合格或安装间隙不合适，使传动部分损坏，造成爆炸。

处理方法：紧急停机，报火警，用二氧化碳灭火器灭火；关闭压缩机出入口阀门，保持通风，用蒸汽掩护；启动备用机；联系更换磨损填料。

6.3.3 动力事故处理

动力事故一般指与水、电、蒸汽和风供应相关的事故，如果发生中断则必然会严重影响溶剂脱沥青装置正常运行。

6.3.3.1 停电

（1）局部停电

目前，装置供电一般采用双路或多路供电，当其中一路由于电网原因供电中断时，使用该路电的机泵将停止运行。一般来说，运行机泵和备用机泵分别在不同的电路上，运行机泵停用后，立即启用备用机泵即可，若瞬时停电则直接启动原运行泵。

（2）全面停电

现象：照明灯熄灭，仪表指示灯灭，调节器显示信号消失；电机停运，机泵电流表回零，装置内噪声明显减小；加热炉熄火。

处理方法：

① 对于瞬时停电的处理：电机尚未完全停运，迅速按电源开关，使机泵恢复运行，及时调节(超)临界回收塔、萃取塔、溶剂罐压力，由于瞬时停电同时会对公用动力系统造成影响，因此，恢复供电后应及时检查循环水、蒸汽、风的变化。发现异常，立即采取相应措施。

② 对于长时间停电的处理：关预混(稀释)溶剂手阀，关进料阀，联系上游装置或油品罐区吹扫原料线；迅速关萃取塔、临界塔压控，关相关塔、容器底出口阀和进料阀；停所有加热器、关溶剂罐入口阀、关溶剂泵出口阀；各塔内油品及时输送出装置，送完后用柴油冲洗或蒸汽吹扫产品管线、换热器；加热炉熄火，关闭燃料控制阀，现场关火嘴、长明灯手阀，燃料油、气嘴扫通；低压回收系统压力高时放火炬。

（3）晃电

现象：部分动设备停运；装置照明有闪断现象。

处理方法：

① 检查现场情况，迅速掌握晃电造成的影响，及时向调度、管理人员汇报。

② 如果原料泵自停：外操立即到现场关自停泵出口阀，开启备用泵；内操关闭萃取进料调节阀防止串压，开大补充溶剂控稳萃取压力；备用泵开启后开回萃取进料，调整萃取系统各参数至正常。

③ 如果脱沥青油溶液泵自停：外操立即到现场关自停泵出口阀，开启备用泵；内操迅速关小脱沥青油溶液加热炉瓦斯，全关补充溶剂及萃取进料，必要时开大萃取系统底抽出，防止高压系统超压跳安全阀；备用泵开启后，开回补充溶剂、萃取进料及炉瓦斯，调整萃取系统各参数至正常。

④ 如果溶剂泵自停：外操立即到现场关自停泵出口阀，开启备用泵；内操关闭补充溶剂调节阀防止串压，关小萃取系统底抽出控稳萃取系统压力；备用泵开启后开回补充溶剂，调整萃取系统各参数至正常；外操注意检查脱沥青油溶液泵冲洗溶剂、机泵端封是否正常。

⑤ 如果鼓风机/引风机自停：外操到现场检查确认炉底快开风门联锁打开，炉火正常；内操确认炉顶旁路烟道挡板联锁打开，控稳加热炉炉温及负压；适当降低处理量及溶剂比，降低炉负荷防止炉温降低。

⑥ 如果其他部分机泵因晃电停运，按以下顺利启动：溶剂泵、脱沥青油溶液泵、原料泵、脱沥青油泵、循环胶质泵、胶质泵、洗涤油泵。若空冷自停第一时间恢复启动。

⑦ 及时对萃取、加热炉及回收系统操作参数进行调整，尽快恢复平稳正常操作，如果出现溶剂泄漏、超温超压、备用泵无法启动等次生情况，现场存在不可控风险，立即按紧急停工处理。

6.3.3.2 停汽

蒸汽主要用于各加热器和汽提塔以及加热炉燃料油的雾化，部分装置以蒸汽作为泵动力源。

现象：蒸汽压力下降，汽泵停运；各加热点温度迅速下降；蒸汽流量、压力显示低或报警。

处理方法：发现蒸汽压力下降后，及时联系调度，查明停汽原因、时间长短，根据实际情况确定是否停工，并先处理易冻凝管线；停预混(稀释)溶剂；停溶剂泵、增压泵，关萃取塔、(超)临界塔压控和相关塔、容器底出口阀，维持萃取、临界系统内部压力，关溶剂罐入口阀，关各加热器蒸汽入口阀；关各汽提塔进料阀和汽提蒸汽入口阀，产品继续外送出装置，送完后用柴油冲洗出装置管线；及时灭炉，用蒸汽余压扫通油嘴，燃料油系统保持循环；压缩机停机或改抽溶剂罐气相循环。

6.3.3.3 停风

工业用风一般分两种，即非净化风和净化风。仪表控制使用的是净化风，当净化风压力下降大或中断时，一般先尝试使用非净化风临时替代，若失败则应进行以下处理：

现象：仪表风压下降，风压报警；控制阀失灵，主要表现在风开阀全关，风关阀全开，各部分压力、温度、液面等参数波动较大。

处理方法：风压下降时，应立即询问调度停风原因和时间，同时在装置内检查有无风线泄漏或凝堵的地方；各风关阀改调节前手阀控制；各风开阀改为副线控制；停风后加热炉可能熄火，要按点火步骤点火；各岗位现场调节手阀开度时应密切注意现场压力、温度、液面、流量等的指示，加强内外协调，努力保持各项操作参数的稳定。如果无法维持正常生产，按紧急停工处理。

6.3.3.4 停循环水

循环水在装置中主要用于系统冷却、机泵密封、轴承冷却等。

现象：循环水压力、流量降低；被冷却介质温度升高；各机泵冷却水中断，轴承温度上升。

处理方法：

① 若短时间停水可做以下处理：压缩机、泵冷却水改用新鲜水；装置降量，并相应关小各加热器蒸汽控制阀；投用所有空冷风机和喷淋；降低加热炉炉出口温度。

② 长时间停水应采取紧急停工措施，待来水后恢复正常生产。

6.3.3.5 停新鲜水

一般新鲜水在溶剂脱沥青装置仅用作生活用水和消防用水，停新鲜水对生产上直接影响不大，考虑到消防用水的重要性，一旦发现新鲜水中断应立即汇报厂调度，并协助有关单位查明原因。

6.4 案例剖析

6.4.1 某溶脱装置湿空冷着火事故案例

6.4.1.1 装置简介

某丙烷脱沥青装置原设计能力15万 t/a，2001年、2010年分别改造为18万 t/a、23万 t/a。设计以减压渣油为原料，以丙烷为溶剂，采用超临界回收工艺。

6.4.1.2 事故经过

2019 年 5 月 16 日 6 时 46 分，装置外操走到操作室门口听到装置有异响，抬头看见装置东南方空冷区域着火，立即汇报内操，同时班长在减黏裂化装置也发现火势，到高压湿空冷附近查看确认着火。

内操接到着火报告后，立即向公司生产管理科报告并向消防大队报火警，班长立即回操作室指挥装置紧急停工。

6 时 47 分 43 秒，内操按下加热炉速切断阀“急停”按钮，加热炉紧急熄火；按下原料快速切断阀“急停”按钮，联锁停切断进料；按下溶剂快速切断阀“急停”按钮，联锁切断补充溶剂量；按下三座中压蒸发塔底快速切断阀“急停”按钮，切断至中、低压系统物料；关闭进萃取塔、沉降塔各路溶剂控制阀，停止循环溶剂；关闭萃取塔、沉降塔、溶剂分离器塔底控制阀、渣油进原料罐；外操岗位停运各机泵，关闭各塔器底手阀，溶剂进沉降塔手阀，切断着火设备前后溶剂来源，关闭各加热炉火嘴手阀，开启装置北面和西面消防水炮对设备进行冷却降温。外操在装置东侧路口引导消防车辆，消防队于 7 时 4 分将火扑灭，装置做好后续停工退料。

6.4.1.3 原因分析

经过工艺、设备专业初步排查及分析，空冷泄漏着火事故的原因是空冷器南侧管箱盖板与隔板焊缝质量较差，存在焊接缺陷。长期运行后，缺陷扩展，管箱与隔板缝开裂，管箱盖板失去隔板缝加强作用，盖板鼓起变形，管箱内部约 40MPa 压力(初步计算盖板受力约 1200t)直接作用于管箱盖板与侧壁板焊缝，最终导致焊缝发生撕裂，管箱盖板整体脱落，40MPa 丙烷大量泄漏，静电引燃丙烷引发着火。另外，原料、溶剂补充等关键部位的快切阀在本次泄漏处置中提高了处置效率，减少泄漏量，很好地控制了事件的扩大及次生事件发生。本次事件发生后，当班应对及时，处置得当，迅速切断泄漏部位，避免事故进一步扩大化。

6.4.2 某溶脱装置闪燃事故案例

6.4.2.1 装置简介

某溶剂脱沥青装置原料主要为 50%沙特阿拉伯轻质原油和 50%沙特阿拉伯中质原油的混合原油的减压渣油，产品主要为脱沥青油、胶质和脱油沥青，脱沥青油作加氢精制装置原料，脱油沥青作 POX(部分氧化)汽、电联产和制氢原料。

6.4.2.2 事故经过

2019 年 1 月 4 日 16 时左右，含硫污水泵不上量，操作人员判断泵入口管线及过滤器堵塞，随即进行疏通。16 时 13 分，承包商员工拆下含硫污水泵入口的 Y 形过滤器，外操拿到 18m 外另一个动火作业点用气焊烘烤清理堵塞物。Y 形过滤器拆除后，操作人员发现泵入口阀门内有堵塞，判断管道内应该也堵塞。16 时 35 分，打开机泵入口阀门，利用管线污水流出的压力将堵塞物冲出。16 时 36 分，见污水流出速度较慢，逐渐开大阀门，此时突然有污水携带溶剂排出，溶剂汽化扩散，顺着下风向飘向刚结束烘烤约 1min 的 Y 形过滤器(自燃温度在 350℃以上)，Y 形过滤器余热点燃了泄漏的可燃气体。16 时 37 分，现场发生闪燃，10 名作业人员不同程度烧伤。

16 时 38 分，紧急关闭溶剂罐底部的根部阀门，切断泄漏的溶剂，火势明显减小。16 时 44 分，现场残余明火完全熄灭。现场受伤人员由救护车送至医院治疗。

6.4.2.3 原因分析

（1）直接原因

含硫污水泵入口阀门排放管道内含溶剂的介质泄漏后汽化扩散，烘烤后的 Y 形过滤器余热点燃了泄漏的可燃气体。

（2）根本原因

现场人员违规打开了隔离阀门；没有识别出非常规操作，并评估操作风险及控制措施；现场管理人员安全意识不足，没有对不安全操作进行干预；现场操作人员风险容忍度高，在开工过程高风险场景下，在同一个较小区域内安排了多起作业；现场操作人员违章指挥承包商作业人员；承包商超出动火范围作业，监护人没有进行干预。

6.4.3 某炼油厂液态丙烷泄漏引发火灾案例

6.4.3.1 装置简介

美国瓦莱罗能源公司 McKee 炼油厂丙烷脱沥青装置，两台液液萃取塔使用液态丙烷作为溶剂在约 3447kPa 压力下从沥青中提取粗柴油，回收的粗柴油经工艺处理生产汽油，沥青作为副产物销售。

6.4.3.2 事故经过

2007 年 2 月 16 日 14 时 9 分，美国瓦莱罗能源公司 McKee 炼油厂正在丙烷脱沥青装置区域工作的操作人员和承包商看见 1 号萃取塔靠近地面的控制站处发生液态丙烷喷射式泄漏，立即指挥区域内的作业人员疏散撤离。高压丙烷形成蒸气云团，朝下风向锅炉房区域扩散，可燃蒸气云团遇点火源被点燃，燃烧火焰迅速向泄漏源位置蔓延。如图 6-1 所示。

图 6-1 火灾现场照片(丙烷被点燃后约 90s 时刻)

高压丙烷喷射火焰喷向东西向管廊的一个钢结构支撑，由于支撑没有防火涂层保护，管廊很快发生弯曲并坍塌，同时造成多条管线断裂失效，大量液态可燃物料泄漏，导致火焰进一步扩大蔓延，对附近设备破坏加剧。受火灾高强度热辐射影响，距离丙烷脱沥青装置约 30m 的 3 个高毒性液氯容器上的易熔塞融化，造成约 2.4t 液氯泄漏。幸好此时现场人员已全部撤离，没有造成人员中毒。火灾持续了约 54h，丙烷脱沥青装置的大部分管线、控制电缆和换热器被破坏，萃取塔遭到损坏。事故造成 2 名瓦莱罗公司员工和 1 名承包商严重烧伤，1 名消防队员在救援过程中中度烧伤，10 名员工轻伤。

6.4.3.3 原因分析

(1) 直接原因

① 低温天气。根据气象记录，2007 年 2 月 15 日早晨，该炼油厂所在的得克萨斯州 Dumas 区域气温降至-14℃。至 2 月 16 日早晨，当地气温上升到 0℃以上，大约 5h 后事故发生。

② 丙烷混合“三阀组”入口弯管冻结并失效。公称直径为 6″(*DN*150)的丙烷混合控制阀组最初用于把液态丙烷混合到沥青进料线，输送至 1 号萃取塔。1990 年萃取塔控制方式改变，不再使用此控制阀组。但是，这一部分工艺仍然与系统相连。此“三阀组”上下游的闸阀均处于关闭状态，没有使用盲板隔离。炼油厂针对该弃用的“三阀组”没有进行正式的工艺安全变更管理审查。“三阀组”及管线形成了盲管段，与工艺系统相连，但没有工艺物料流通。丙烷中携带的水密度较大，从上游入口闸阀泄漏进入盲管段，并在管线中聚集。由于持续低温天气，且盲管段没有防冻保护，导致聚集的水发生冻结并膨胀，造成控制阀上游弯管破裂。裂缝沿着弯管内径(承受最高应力)方向发展，裂口增大，如图 6-2 所示。

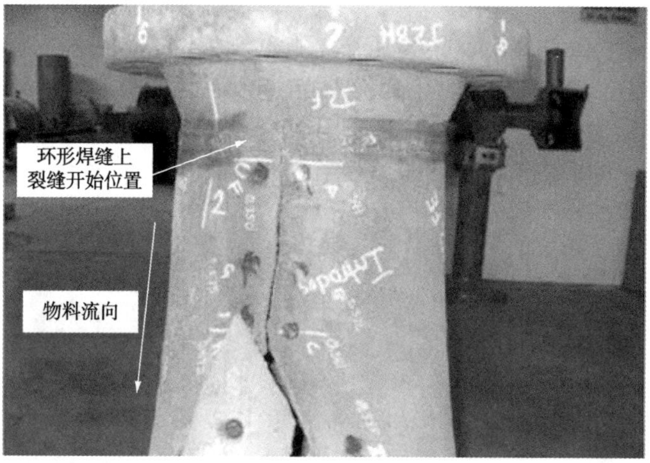

图 6-2 丙烷混合“三阀组”入口弯管裂口

③ 解冻和丙烷泄漏。2007 年 2 月 16 日约上午 9 时，气温上升至 0℃以上，弯管内部的结冰开始解冻融化。根据事后对“三阀组”入口闸阀的检查，发现一个异物影响闸板与阀座间紧密贴合，形成了泄漏通道，如图 6-3 所示。约 14 时 9 分，冰融化造成泄漏通道打开，压力高达 3447kPa 的液态丙烷从弯管破裂处泄漏，立刻形成大面积可燃蒸气云团，并向锅炉房区域扩散，遇点火源发生燃烧(锅炉房内明火为最可能的点火源，也不排除附近的其他点火源)，火焰迅速向泄漏源位置蔓延，大火阻挡了通向手动关断阀和泵开关的通道，人员无法及时控制丙烷泄漏。几分钟后，附近管线和管廊支撑破坏倒塌，火灾范围进一步扩大。

④ 丙烷物料沉降分离出的水从公称直径为 10″(*DN*250)的入口闸阀处内漏，并在“三阀组”低点聚集。经过低温天气，水冻结凝固致使控制阀上游的肘形弯管破裂。天气转暖后，结冰融化，导致高压液态丙烷从破裂弯管处泄漏，遇点火源发生火灾。如图 6-4 所示。

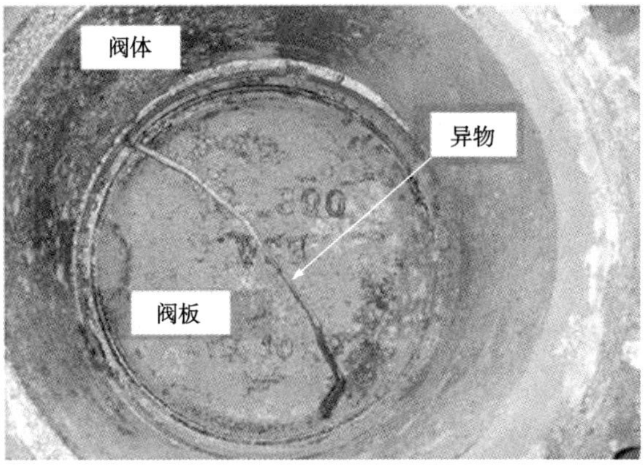

图 6-3　丙烷混合“三阀组”入口闸阀

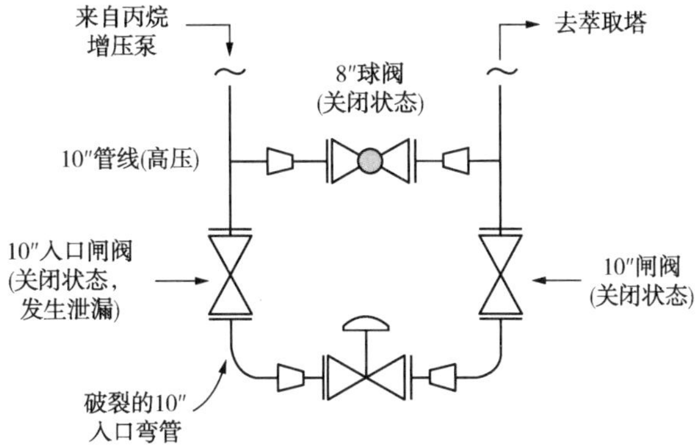

图 6-4　发生泄漏的“三阀组”示意图

（2）间接原因

① 未识别出盲管段及可能产生的风险。根据 2006 年装置的 P&ID 更新资料，只识别出表面比较明显的盲管段，没有发现丙烷混合“三阀组”在关闭管线闸阀后会形成盲管段。2006 年针对丙烷脱沥青装置进行的 HAZOP 分析也没有考虑到低温冰冻对管线完整性造成的影响。

② 未采用本质安全方法消除危险源。对于此次事故中的丙烷混合“三阀组”，处理的最佳方法应该是拆除弃用的盲管段，但 McKee 炼油厂只是关闭了控制阀前后的闸阀。

③ 员工操作处理不到位。员工未安装盲板隔离盲管段，未对整个盲管段增加防冻保护，未定期监测盲管段情况，并低点排水。

④ 操作程序不完善。McKee 炼油厂每到秋季都会对防冻保护部件进行检查和维修，但这些活动关注重点主要是对已有防冻保护措施的维护，对装置盲管段和其他闲置或不经常使用的管线系统、可能发生水聚集的工艺单元区域，缺乏员工操作维护程序。

⑤ 针对处理高压可燃物料的工艺设置的防火管廊钢制支撑，相关标准和瓦莱罗公司防火保护标准没有规定足够的防火保护措施，装置未配备可以迅速控制丙烷泄漏的远程操作关断系统。

第 7 章　环保及节能

7.1　环保

溶剂脱沥青装置在生产过程中产生污染环境的物质：废水、废气、废渣。

(1) 溶剂脱沥青装置废水的排放及治理

溶剂脱沥青装置废水主要为：溶剂罐切水、低压溶剂罐切水、燃料油(气)罐切水、机泵端封冷却水、火炬分液罐切水等。溶剂脱沥青装置所排放废水要符合各厂制订的分级控制指标，废水出装置主要控制油含量、pH 值、氨氮、COD、硫化物五项指标，具体的数值由各厂根据当地的环保标准及本厂实际生产情况而定。

一般来说，对于溶剂脱沥青装置废水的治理主要有以下几个方面：

① 废水清污分流系统；

② 蒸汽冷凝水回收系统；

③ 采用循环水冷却系统；

④ 污油隔离与回收系统。

(2) 溶剂脱沥青装置废气的排放及治理

溶剂脱沥青装置的废气主要为加热炉烟气(主要污染物是二氧化硫、氮氧化物、一氧化碳和烟尘)以及放空系统、管线、阀门、机泵等排出的烃类。

减轻加热炉烟气中二氧化硫的办法一般有：采用低硫或经过脱硫的燃料气。

减少烟气中氮氧化物的方法一般有：采用低氮燃烧器；改进燃烧方法，适当控制过剩空气量；烟道气脱氮氧化物(用吸收法等)。

减少空气中一氧化碳的方法一般有：调整三门一板，控制适宜的过剩空气量，控制适宜的温度，避免不完全燃烧。

减少加热炉排放烟尘的方法一般有：改进燃烧雾化条件，使燃料燃烧完全，烧气比烧重油烟尘少，采用燃料气替代燃料油。

减少烃类污染的方法一般有：塔(容)器顶不凝气回收利用，一般外送脱硫装置处理；减少各种形式的跑、冒、滴、漏。

(3) 溶剂脱沥青装置废渣的排放及治理

溶剂脱沥青装置废渣的排放主要分为两种：一种是正常生产中采样口多余的样品(如凝成固体的沥青、渣油、脱沥青油等)；另一种是深度萃取残余物，这在检修时系统管线、设备中较常见。

采用密闭采样器，对于多余样品可以采用回收的手段，但要注意采取措施，最大限度地保持样品的清洁，不含杂质。

对于深度萃取残余物，通常送往废渣处理厂，根据其性质决定改作其他用途。

(4) 溶剂脱沥青装置噪声的产生及治理

一般装置内噪声产生的原因有三种：流体振动所产生的噪声(如加热炉喷嘴气体的喷射，管线阀门节流等)、机械噪声(由机械振动所产生的噪声)、电磁噪声(由电机、变压器等因磁场作用引起振动产生的噪声)。

噪声防治的一般方法是：吸声、隔声、减振。即降低声源处噪声，在噪声的传播途径处降低噪声。通常对装置内噪声的防治措施有如下几个方面。

加热炉噪声的防治：采用低噪声燃烧器；喷嘴及风门等进风口处采用消声罩；结合预热空气系统，采用强制进风消声罩；炉底设隔声围墙。

电机噪声的防治：安装消声罩，一般应选用低噪声电机，若噪声不符合要求，可加设隔声罩(安装全部隔声罩或局部隔声罩)；改善冷却风扇结构、角度；大电机可拆除风扇，用主风机设置旁路引风冷却电机。

空冷器噪声的防治：设隔声墙，以减少对受声方向的辐射；加吸声屏，可设立式和横式吸声屏；加隔声罩；用新型低噪声风机。

(5) 溶剂脱沥青装置防治污染的新动向

① 采用污染少的炼油工艺

尽量采用不污染或少污染的工艺过程和设备是防治污染、保护环境的积极措施。

② 降低新鲜水用量、减少废水排放量

采用空冷代替水冷；循环水取代单程冷却；重复利用净化污水(有的炼油厂将水质较好的冷后水供机泵、压缩机等设备冷却二次利用，既节约新鲜水又减少污水排放量)；溶剂罐实行密闭切水方式，含硫污水送入污水处理装置，杜绝直排现象。

③ 烃类、气体防治

将不凝气回收外送脱硫装置处理后成为干气液化气产品；改进加热炉的燃烧操作，采用燃料气替代燃料油，采用低氮燃烧器，减少废气排放；所有高、中、低压溶剂系统的设备安全阀排放均接入事故罐，进行溶剂回收，避免对大气的污染。

7.2 节能、降耗

7.2.1 装置能耗分析

装置能耗组成包括燃料、蒸汽、电、水、风等物料的消耗。一般来说，燃料消耗占能耗组成比例最大，其次是电和蒸汽。

影响溶剂脱沥青装置能耗的客观因素较多，主要有以下几个方面。

(1) 原料性质对能耗的影响

原料性质对能耗的影响比较复杂。原料的轻重决定了系统溶剂比的高低，从而影响全装置的能耗水平。

(2) 产品方案对能耗的影响

装置的能耗随产品方案不同而变化。同一装置，相同原料出不同标准的产品时，由于操作温度、压力、流量均会发生变化，加热负荷、冷却负荷、汽提蒸汽负荷等也会有所不同。

(3) 装置处理量对能耗的影响

一般来说，低负荷运转会使装置的单位能耗上升，主要原因可分为两类：一类为“可变消耗”，其消耗随装置负荷的变化而变化(如由于降低处理量后造成设备效率降低)；另一类为“固定消耗”，其消耗值不随装置负荷变化。

装置低负荷运行能耗上升的一些常见原因：

① 换热器在降低流速后结垢速率增加。

② 塔盘在较低的线速下易漏液，从而降低塔板效率。

③ 当处理量下降时，没有降低加热炉供风量，造成过剩空气量上升。

④ 电动泵的效率离开最佳点，造成效率下降。

⑤ 散热损失并不因处理量减少而减小。

⑥ 加热炉降低热负荷时，冷空气漏入量并不因此而降低，致使效率下降。

（4）装置规模对能耗的影响

规模小的装置加工单位能耗较高，一般来说，其单位物料"固定消耗"占的比例比大装置大。

（5）气候条件（或地区差别）对能耗的影响

冬季（或北方）比夏季（或南方）散热损失大，但冷却水消耗及空冷器电耗较小，而为防冻防凝所需的伴热蒸汽和采暖蒸汽则纯属因季节（或地区）变化增加的能耗项。总的来说，冬季（或北方）的能耗比夏季（或南方）稍高一些。

（6）运转周期中的不同时期的能耗

一般来说，溶剂脱沥青装置的能耗在运转末期要比运转初期高，这主要是设备运行效率下降造成。

7.2.2 节能降耗措施

溶剂脱沥青装置一般可以从改进工艺流程、提高设备效率、优化操作、采用先进的自动化控制、加强管理、提高维修质量等方面，来实现节能降耗目的。

7.2.2.1 降低燃料消耗

燃料消耗占溶剂脱沥青装置能耗比例最大，因此提高加热炉效率，减少燃料消耗是节能的重点。

① 对加热炉进行改造，通过增设烟气余热回收系统、对流段增设炉管等措施，降低排烟温度。

② 采用新型高效的燃烧器。

③ 采用高效吹灰器，加强炉管吹灰的管理。

④ 加强对加热炉氧含量的监控，降低过剩空气系数。

⑤ 做好炉体保温工作，最大限度减少漏风现象。

⑥ 防止低温露点腐蚀。

⑦ 采用先进控制系统，提高炉温控制平稳率。

7.2.2.2 降低电耗

① 优化操作，降低溶剂比，使系统循环量减少。

② 大功率电机采用变频器。

③ 采用新型高效节能电机。

7.2.2.3 降低蒸汽消耗

① 优化汽提塔、加热器操作，降低蒸汽耗量。

② 加强疏水器的管理，及时消除蒸汽漏点，减少蒸汽损耗。

③ 加强蒸汽伴热的管理。

7.2.2.4　优化流程、合理利用能量

① 优化装置间的流程，尽量采用直供流程，减少能量损耗。有些溶剂脱沥青装置采用沥青蒸发塔塔顶高温溶剂分别进轻脱油蒸发塔、重脱油蒸发塔回收热量。

② 对凝结水系统改造，回收低温位乏汽。

7.2.2.5　降低溶剂损耗

优化汽提塔操作，控稳压力与液面，采取消泡措施，使溶剂损耗降低。

第 8 章　装置防腐

8.1　装置腐蚀成因分析

8.1.1　工业腐蚀的常见类型

8.1.1.1　全面腐蚀

全面腐蚀是指金属结构的整个表面或大面积的程度相同的腐蚀，也称作均匀腐蚀。在全面腐蚀中，金属以一定的速度被腐蚀介质所溶解，金属结构逐渐变薄。而局部腐蚀是指金属结构特定区域或部位上的腐蚀。

全面腐蚀的速度，以金属结构单位时间内，单位面积的质量损失表示，如 $mg \cdot dm^{-2} \cdot d^{-1}$，$g \cdot m^{-2} \cdot h^{-1}$；也可用金属每年腐蚀的深度，即金属构件每年变薄的程度来表示，如 $mm \cdot a^{-1}$。

8.1.1.2　缝隙腐蚀

缝隙腐蚀是在电解质溶液中，金属与金属、金属与非金属之间的狭缝内发生的腐蚀。在管道连接处，衬板、垫片处，设备污泥沉积处，海生物附着处，以及设备外部尘埃、腐蚀产物附着处，金属涂层破损处，均易产生缝隙腐蚀。

（1）腐蚀机理

由于缝隙中积液流动不畅，逐渐使缝内外构成浓差电池，发生阳极溶解和阴极还原反应。阳极、阴极反应可分别表示为：

$$Me \longrightarrow Me^{+} + e^{-1}$$

$$O_2 + 2H_2O + 4e^{-} \longrightarrow 4OH^{-}$$

上述反应使氧逐渐消耗，由于积液流动不畅，氧很难补充，且腐蚀产物对缝隙起了进一步阻塞作用，但缝内阳极溶解借助缝外阴极反应仍可进行。生成过多的 Me^{+}使缝内外电平衡破坏，促进溶液内 Cl^{-}等迁入缝内形成金属盐。盐水解生成游离酸加快了金属的溶解速度。Me^{+}的增多，由于自催化作用使上述过程更加活跃，造成腐蚀更加严重。

（2）影响因素

缝隙可以使溶液侵入，也可使其流动受阻。缝宽在 0.10~0.12mm 间最易腐蚀，一般腐蚀的缝隙宽度约为 0.025~3.125mm。缝内外面积比越大，则提供阴极反应的场所越多，从而加速了缝内的阳极反应，使腐蚀加快。

溶液中溶氧量越大，有利于缝外金属去极化的阴极反应，因而，溶氧量增大会使缝隙反应加剧。溶液中氯离子的增加，会使金属电位向负方向移动，使缝隙腐蚀加重。腐蚀溶液的 pH 值如果处在能使缝外金属钝化的状态下，则 pH 值的降低会使缝内腐蚀加剧。腐蚀溶液流速对缝隙腐蚀有着双向影响，要视具体情况而定。

8.1.1.3　孔腐蚀

孔腐蚀是金属表面个别小点上深度较大的腐蚀，简称孔蚀，也称作小点腐蚀。金属表面由于露头、错位、介质不均匀等缺陷，使其表面膜的完整性遭到破坏，成为点蚀源。点蚀源在某段时间内呈活性状态，电极电位较负，与表面其他部位构成局部腐蚀微电池。在大阴极、小阳极的条件下，点蚀源的金属迅速被溶解形成孔洞。同缝隙腐蚀一样，也存在金属离子的自催化作用，使腐蚀不断加深，以至于穿透，造成严重后果。

介质是影响孔蚀的重要因素之一。氯化物、溴化物、次氯酸盐等溶液，及含氯离子天然水的存在，最易产生孔蚀。氯化亚铜、氯化亚铁或卤素离子与氧化剂同时存在，则能加剧孔蚀。当介质中 OH^-、NO_3^-、SO_4^{2-}、ClO_4^- 等阴离子与溶液中的 Cl^- 比值达一定值时，对孔蚀有抑制作用，否则其作用相反。

增加溶液流速，能消除金属表面滞流状态，有降低孔蚀作用的倾向。奥氏体不锈钢比其他合金钢有较大的孔蚀敏感性。不锈钢的敏化处理、冷加工会加速孔腐蚀破坏。

8.1.1.4 氢损伤

氢损伤包括氢腐蚀与氢脆，是由于氢的作用引起材料性能下降的一种现象。

（1）氢腐蚀

在高温高压下，氢引起钢组织结构变化，使其机械性能恶化，称为氢腐蚀。氢腐蚀是指在高温高压下，氢与钢中的碳反应生成不能逸出的甲烷，高压甲烷气泡在晶界处成核长大，互相连接形成裂纹，使钢性能下降的现象。

化学工业用钢常见的氢腐蚀有以下特征：软钢或钢表面可见鼓泡，微观组织沿晶界可见许多微裂纹。被腐蚀的钢强度、塑性下降，容易脆断。氢腐蚀与氢脆不同，不能用脱氢的方法使钢材恢复其机械性能。

（2）氢脆

氢脆是指氢扩散到金属内部，使金属材料发生脆化的现象。一般认为氢溶于钢后残留在位错处，当氢达到饱和状态后，对位错起钉孔的作用，使滑移难以进行，从而使钢呈现出脆性。

氢脆具有可逆性，未脆断前在100~150℃间适当热处理，保温24h可消除脆性。氢脆不同于应力腐蚀，无须腐蚀环境，而且在常温下更容易发生氢脆。

合金钢碳化物组织状况对氢脆有直接影响，氢脆开裂容易程度顺序为：马氏体>500℃回火马氏体>粗层状珠光体>细层状珠光体>球状珠光体。合金钢强度级别越高，其氢脆敏感性越大。

8.1.2 原料产品中的硫存在形态及分布

原料及产品的含硫量通常用所有含硫化合物折合成元素硫(S)以后，以元素组成的重量百分数来表示。但实际上在石油产品中，硫并不单纯以元素硫(S)的形态存在，还可以硫化氢(H_2S)、硫醇(RSH)、硫醚(RSR)、环硫醚(RSSR)、二硫化物、噻吩及其同系物等形态存在。

硫在石油馏分中的分布一般是随着石油馏分沸程的升高而变宽，大部分硫化物均集中在残油中。

石油馏分中的元素硫和硫化氢多是其他硫化物受热分解的产物。石油中硫化物大多在120℃以上发生分解，未经加工的石油一般极少有硫化氢、元素硫的存在。硫醇在石油中的含量并不多，但多数存在于低沸点馏分中。

元素硫、硫化氢、低分子硫醇都能与金属作用而腐蚀设备，它们统称为活性硫化物。

硫醚则是石油中含量较多的硫化物之一，其含量随着馏分沸程的上升而增大，大多数集中在煤、柴中间馏分中，硫醚是中性液体，热稳定性较高，对金属没有腐蚀作用。环硫醚的热稳定性则更高，在石油的一次加工中不分解，对金属也没有作用。

二硫化物在石油中含量较少，而且较多地集中在高沸点馏分中，二硫化物也是中性，不与金属作用，但其热稳定性较差，受热后分解成硫醚、硫醇和硫化氢则对金属有腐蚀作用。

噻吩及其同系物是一种芳香性杂环化合物，是石油中主要的一类含硫缓和物，其热安定性较高。

溶剂脱沥青装置所用渣油为含硫原料，含硫量胜利原油约为0.5%~2%(质)，经过一次加工蒸馏以后，除去一部分硫，渣油中含硫量仍占原油未加工时硫总量的60%~80%(质)，可见大部分硫化物多集中在残渣馏分。

减压渣油中的硫化物，组成形态主要有少量的二硫化物，环硫醚和大量的噻吩及其同系物(以噻吩及其同系物为主)，在原油的一次加工中，已有相当的一部分上述硫化物在高温下受热分解，在二次加工中，高温下仍将继续分解出硫化氢等腐蚀性硫化物，直接地与金属作用生成硫化亚铁(FeS)，或与加工介质和产品中的水一起对设备发生腐蚀作用。因此石油加工过程许多装置都在某些关键的部位进行注氨、注碱、注缓蚀剂以控制和缓和设备腐蚀的程度，溶剂脱沥青装置设计上通常亦采用了注缓蚀剂的方法来控制硫化氢对设备的腐蚀程度。缓蚀剂大多是油溶性成膜形物质，一般带有极性基团，能吸附在金属表面形成一层单分子抗水性保护膜，使腐蚀介质不能直接与金属表面接触，从而保护了金属表面免遭硫化氢等腐蚀介质的腐蚀。

在溶剂脱沥青过程中由于减压渣油中的硫化物主要是噻吩和环硫醚，在脱沥青工艺条件下(320℃以下)不容易分解，因而大部分的硫化物仍然保留在各种产品中。

8.1.2.1 硫腐蚀的主要类型

根据腐蚀特点，可分为：低温湿硫化氢腐蚀、高温硫腐蚀、连多硫酸腐蚀、硫酸露点腐蚀四类。

(1) 低温湿硫化氢腐蚀

原料中存在的以及H_2S有机硫化物分解生成的H_2S，与加工过程中生成的腐蚀介质(如HCl、NH_3等)和人为加入的腐蚀性介质(如乙醇胺、水等)共同形成腐蚀性环境，在装置的低温部位(特别是气液相变的部位)造成严重的腐蚀。典型的低温湿硫化物腐蚀环境存在于塔(容)器的顶部及塔顶管线、换热器等部位。

低温湿硫化氢腐蚀表现为均匀腐蚀和湿硫化氢应力开裂。

(2) 高温硫腐蚀

高温硫化物的腐蚀是指240℃温度以上的重油部位硫、硫化氢和硫醇形成的腐蚀。典型的高温硫化物腐蚀环境存在于塔(容)器的下部及底部管线、换热器等。在高温条件下，活性硫与金属直接反应，它出现在与物流接触的各个部位，表现为均匀腐蚀，其中以硫化氢的腐蚀性最强。高温硫腐蚀速度的大小，取决于原料中活性硫的多少，但是与总硫量也有关系。当温度升高时，一方面促进活性硫化物与金属的化学反应，另一方面又促进非活性硫的分解。温度高于240℃时，随温度的升高，硫腐蚀逐渐加剧，特别是H_2S在350℃时，能分解出S和H_2，分解出来的元素S比H_2S的腐蚀更剧烈，到430℃时腐蚀达到最高值，到480℃时分解接近完全，腐蚀开始下降。

高温硫腐蚀，开始时速度很快，一定时间后腐蚀速度会恒定下来，这是因为生成了FeS保护膜。而介质的流速越高，保护膜就越容易脱落，腐蚀将重新开始。

(3) 连多硫酸腐蚀

该反应最易发生在炼油装置中由不锈钢或高合金材料制造的设备上，一般是高温、高压含氢环境下的反应塔器及其内部构件，储罐、换热器、管道、加热炉管等，这些设备在高温高压，缺水和缺氧的干燥条件下运行，一般不会发生该腐蚀，但当装置运行期间遭受硫腐蚀，装置停工期间有氧和水进入时，在设备表面生成的腐蚀产物——含硫化合物反应生成连多硫酸，连多硫酸和设备存在的拉伸应力共同作用下，奥氏体不锈钢和其他高合金钢产生敏化条件，有可能发生连多硫酸应力腐蚀开裂。

（4）硫酸露点腐蚀

加热炉中燃料油在燃烧过程中生成含有 SO_2 和 SO_3 的高温烟气，在加热炉的低温部位（如加热炉的空气预热器和烟道），SO_2 和 SO_3 与空气中水分共同在露点部位冷凝，产生硫酸露点腐蚀。

由于硫的腐蚀加重，一些装置已发生严重的安全事故。

8.1.2.2 硫化物的腐蚀机理

硫化物腐蚀不是孤立存在的。它和无机盐、环烷酸、氮化物、水、氢等其他腐蚀介质共同作用，使腐蚀机理格外复杂。同时由于硫元素的多价性和硫化物的复杂性，使硫化物的腐蚀作用多样化。大致来说，硫化物的腐蚀总体可分为低温腐蚀和高温腐蚀两种腐蚀类型。

（1）低温轻油湿硫化氢的腐蚀机理

在有水存在的低温条件下，硫化氢能发生如下反应：

$$H_2S \longrightarrow H^+ + HS^- \longrightarrow 2H^+ + S^{2-}$$

HS^- 的产生，加速阴极的放氢。在 H_2S-H_2O 体系中，含有 H^+、HS^-、S^{2-} 和 H_2S 分子，对金属的腐蚀为氢去极化过程，反应如下：

阳极：

$$Fe \longrightarrow Fe^{2+} + 2e$$

$$Fe^{2+} + S^{2-} \longrightarrow FeS$$

阴极：

$$2H^+ + 2e \longrightarrow 2H + H_2\text{（渗透到钢材）}$$

硫化氢的腐蚀反应为：

$$2Fe + 2H_2S + O_2 \longrightarrow 2FeS + 2H_2O$$

$$4Fe + 6H_2S + 3O_2 \longrightarrow 2Fe_2S_3 + 6H_2O$$

$$H_2S + O_2 \longrightarrow H_2SO_2$$

从上述反应过程可知，硫化氢在有水共存时，可引起的腐蚀形态为：一般非均匀腐蚀、氢鼓泡、氢脆和硫化氢的应力腐蚀开裂。此外，在硫化氢的水溶液中，如有氯离子存在时，可大大促进硫化氢的腐蚀作用，应予以特别注意。

（2）高温硫化物的腐蚀机理

在石油加工过程中，一些与高温硫化物介质接触的设备，也会发生较为严重的腐蚀作用。它发生在各个物流接触的部位，一般表现为均匀腐蚀，其中以 H_2S 腐蚀为最强。反应如下：

$$H_2S + Fe \longrightarrow FeS + H_2$$

$$S + Fe \longrightarrow FeS$$

$$RSH + Fe \longrightarrow FeS + \text{不饱和烃}$$

该腐蚀速率的大小常常取决于原料中活性硫的含量多少，与总含硫量也有关系，温度升高，一方面促进活性硫化物与金属的腐蚀反应，另一方面又促进非活性硫的分解。

（3）连多硫酸引起的应力腐蚀开裂

一般情况下，在高温高压 H_2S-H_2 环境下，易生成硫化亚铁，停工检修时，在水和氧化水解作用下，可生成连多硫酸，反应机理如下：

$$FeS + 3Fe_2O_3 \longrightarrow 7FeO + SO_2$$

$$SO_2 + H_2O \longrightarrow H_2SO_3$$

$$2H_2SO_3 + O_2 \longrightarrow 2H_2SO_4$$

$$FeS+H_2SO_4 \longrightarrow FeSO_4+H_2S$$

$$H_2SO_3+H_2S \longrightarrow H_2S_xO_6$$

不锈钢和高合金材料，特别是经焊接或在 370～815℃ 区域附近“敏化”过的材料最易发生应力腐蚀开裂。

8.2 装置防腐措施

由于今后加工高含硫原料，设备腐蚀加剧的情况会长期存在。为确保溶剂脱沥青装置的安全、稳定、长期运行，可以从设备、工艺两方面入手，做好防腐工作：

8.2.1 设备防腐

（1）材质鉴定

加强管理，做好合金钢管线、管件、阀门的材质鉴定工作，发现问题，及时整改，为安全生产提供保证。

（2）材质升级

材料防腐是减缓腐蚀的有效途径之一，对于溶剂脱沥青装置的高温硫化物腐蚀部位，如果采用 Cr 含量 5%以上的合金钢材料，能有效地减缓腐蚀。例如在大检修时将 240℃ 以上的管线更换为 Cr5Mo 材质。

对于冷换设备壳体材质升级，由于要考虑设备制造周期、资金等方面，可以根据腐蚀的严重程度，分期分批进行材质升级或内喷防腐涂层处理，以达到加工高含硫原料的要求。例如可在高温管箱内进行不锈钢防腐涂层处理，壳体更换为复合钢板等。

（3）在线定点测厚及停工期间测厚普查

腐蚀状态监测是防腐管理的重要内容，是减少腐蚀事故发生的有效途径之一，开展在线定点测厚及停工期间测厚普查，及时掌握设备、管线的腐蚀减薄情况，能有效地防止腐蚀事故的发生。

8.2.2 工艺防腐

（1）碱洗

近年来，随着加工进口含硫原油增多，以减压渣油为原料的溶剂脱沥青装置的溶剂中 H_2S 含量不断增加，容易导致空冷器及溶剂罐等设备严重腐蚀，威胁装置的安全平稳生产。因此，一些溶剂脱沥青装置增加了脱 H_2S 系统，采用碱中和法(碱洗法)脱除装置循环溶剂中的 H_2S。但是，碱洗脱 H_2S 系统会产生大量的 Na_2S 废碱液及碱渣，环保处理成本高。

用胺吸收法取代碱洗法脱 H_2S，可以保证脱 H_2S 系统连续、稳定发挥作用以及消除因碱液、碱渣带来的环保问题，脱 H_2S 效果也十分理想。所谓胺吸收法脱 H_2S，就是 MDEA(*N*-甲基二乙醇胺)与溶剂通过各自分配器及填料间隙在吸收塔逆向充分接触，利用呈弱碱性的 MDEA 在低温条件下(30～55℃)对 H_2S 具有良好的化学吸收作用，从而达到脱除溶剂中 H_2S 的目的。

（2）注缓蚀剂

缓蚀剂防腐机理：缓蚀剂是一种表面活性剂，能吸附于金属表面，形成保护膜，使金属不被腐蚀。目前，大多缓蚀剂是油溶性成膜型物质，一般带有极性基团，能吸附在金属表面形成一层单分子抗水性保护膜，使腐蚀介质不能直接与金属表面接触，从而保护金属表面免遭 H_2S 等腐蚀介质的腐蚀。常见的缓蚀剂类型：7019(脂肪族酰胺类化合物)、4502(烷基吡啶)、1017(多氧烷基咪唑啉油酸盐)等。

第9章　溶剂脱沥青的工艺计算

9.1　单位换算

（1）高10m、直径30mm顶端开口的玻璃管内装满水，外界大气压为1×10^5Pa，试求水柱底的压强。

解：以水柱底为基准面，则$p_1=1\times10^5$Pa，$h_1=10$m，$h_2=0$，由流体静力学方程

$$p_1+\rho gh_1=p_2+\rho gh_2$$

可得：

$$\begin{aligned}p_2&=p_1+\rho gh_1-\rho gh_2\\&=1\times10^5+1000\times9.8\times10\\&=1.98\times10^5(\text{Pa})\end{aligned}$$

答：水柱底的压强为1.98×10^5Pa。

（2）高12m、直径40mm顶端开口的玻璃管内装5m高的水，外界大气压为1×10^5Pa，试求距底部2m处的压强。

解：以水柱底为基准面，则$p_1=1\times10^5$Pa，$h_1=5$m，$h_2=2$，由流体静力学方程

$$p_1+\rho gh_1=p_2+\rho gh_2$$

可得：

$$\begin{aligned}p_2&=p_1+\rho gh_1-\rho gh_2\\&=1\times10^5+1000\times9.8\times(5-2)\\&=1.294\times10^5(\text{Pa})\end{aligned}$$

答：距底部2m处的压强为1.294×10^5Pa。

（3）流量为900kg/m^3的液体在一根内径相同的倾斜直管中流动，测得距基准面2m处的流速为2m/s，压力为2.0MPa，忽略能量损失，试计算距基准面52m处的压力。

解：在两个面间列伯努利方程，得

$$z_1+p_1/(\rho g)+u_1^2/(2g)=z_2+p_2/(\rho g)+u_2^2/(2g)$$

式中　$z_1=2$m，$z_2=52$m

$u_1=u_2=2$m/s

$p_1=2.0$MPa

则

$$\begin{aligned}p_2&=p_1-\rho g(z_2-z_1)\\&=2.0\times10^6-900\times9.8\times(52-2)\\&=1.559\times10^6\text{Pa}\\&=1.559(\text{MPa})\end{aligned}$$

答：距基准面52m处的压力为1.559MPa。

（4）将740mmHg，换算成kgf/cm^2及Pa。

解：①$740/735.6=1.006(\text{kgf/cm}^2)$

②$740\times133.3=9.86\times10^4$(Pa)

(5) 将 1kg 标准燃料油燃烧后会产生多少 J 的热量?

解：1kg 标油的热量 $=41.8\text{MJ}=4.18\times10^7$(J)

9.2 管路工艺计算

(1) 在内径为 100mm 的管道中，有流速为 1.5m/s、运动黏度为 $0.9\times10^{-4}\text{m}^2/\text{s}$ 的流体以层流流动，试求流体的雷诺数。

解：流体的雷诺数：

$$Re=du/\nu=0.1\times1.5/(0.9\times10^{-4})\approx1667$$

答：流体的雷诺数约 1667。

(2) 已知某溶剂脱沥青装置加工能力为 25 万 t/a(按年开工 8000h 计算)，渣油输送温度下密度为 0.912t/m^3，进料线为 *DN*150mm 管线，求该装置进料的流量及管内流速(忽略黏度因素)。

解：流量：250000/8000＝31.25(t/h)(按年开工 8000h 计算)

流速：

$$\begin{aligned}V=(G/\rho)/M&=(G/\rho)/(D^2\pi/4)\\&=(31250/912)/(0.15^2\times0.785)\\&=1940\text{m/h}\\&=0.54(\text{m/s})\end{aligned}$$

式中 V——流速，m/h 或 m/s；

ρ——密度，kg/m^3；

G——质量流量，kg/h；

M——流通面积，m^2。

答：该装置进料的流量为 31.25t/h，管内流速为 0.54m/s。

(3) 已知某流体在管线内的流速为 2m/s，该管线规格为 ϕ32mm×3mm，流体的密度为 450kg/m^3，试求出该流体在管线内的质量流量(kg/s)?

解：管线截面积 $=\pi D^2/4=3.14\times[(32-2\times3)/1000]^2/4=0.00053066(\text{m}^2)$

质量流量 $=2\times0.00053066\times450=0.477594$(kg/s)

答：该流体在管线内的质量流量为 0.477594kg/s。

(4) 已知渣油进装置量为 $0.20\text{m}^3/\text{s}$，进料管线有效截面积为 0.04m^2，试求出渣油在管线内的流速?

解：已知 $V=0.20\text{m}^3/\text{s}$，管线截面积 $A=0.04\text{m}^2$

$$u=V/A=0.20/0.04=5(\text{m/s})$$

答：渣油在管线内的流速为 5m/s。

(5) 已知流体在管道内的流速为 1.5m/s，管线的规格为 ϕ110mm×5mm，求该流体的体积流量?

解：管线截面积 $=\pi D^2/4=3.14\times(0.110-0.005\times2)^2/4=0.00785(\text{m}^2)$

体积流量 $=0.00785\times1.5\times3600=42.39(\text{m}^3/\text{h})$

答：该流体的体积流量为 $42.39\text{m}^3/\text{h}$。

9.3 机泵工艺计算

（1）某台双螺杆泵，抽送某汽提塔底密度为900kg/m^{3}的液体，塔内压力为0.10MPa，塔液面比泵入口高3m，泵出口压力为1.00MPa，泵出入口高度相同，管路的总压头损失为1m，试求该泵的扬程。

解：以泵入口为基准面，在塔液面和泵出口间列伯努利方程式，得

$$z_1+p_1/(\rho g)+u_1^2/(2g)+H_e=z_2+p_2/(\rho g)+u_2^2/(2g)+H_f$$

式中 $z_1=3$m；$z_2=0$；$p_1=0.10\times10^6$Pa(表)；$p_2=1.00\times10^6$Pa(表)；

$u_1\approx u_2$；$H_f=1$m；$\rho=900$kg/m^3

所以 $H_e=[1+(1.00-0.10)\times10^6/(900\times9.8)]-3\approx100$(m)

则该泵的扬程 $H=H_e=100$(m)

答：该泵的扬程约为100m。

（2）某离心泵切割前叶轮直径为250mm，扬程为100m，现把直径切割为200mm，试求切割后的扬程。

解：由 $H_f/H=(D_f/D)^2$得切割后的扬程：

$$H_f=H(D_f/D)^2=100\times(200/250)^2=64(\text{m})$$

答：切割后的扬程为64m。

（3）某离心泵切割前叶轮直径为250mm，功率为100kW，现把直径切割为200mm，试求切割后的功率。

解：由 $N_f/N=(D_f/D)^3$得切割后的功率：

$$N_f=N(D_f/D)^3=100\times(200/250)^3=51.2(\text{kW})$$

答：切割后的功率为51.2kW。

（4）某离心泵切割前叶轮直径为250mm，流量为80m^3/h，现把直径切割为200mm，试求切割后的流量。

解：由 $Q_f/Q=D_f/D$ 得切割后的流量：

$$Q_f=Q\times(D_f/D)=80\times(200/250)=64(\text{m}^3/\text{h})$$

答：切割后的流量为64m^3/h。

（5）已知有一台离心泵，吸入管直径 $D_1=50$mm，压水管直径 $D_2=38$mm，运行时，出口压力表读数 $p_1=1.32$kgf/cm^2，真空度读数 $p_2=0.48$kgf/cm^2，测出的流量 $Q_1=20$m^3/h，压力表与真空表的高度差 $\Delta Z=20$cm，试求此泵的扬程。

解：$Q_1=20\text{m}^3/\text{h}=20\text{m}^3/3600\text{s}=5.56\times10^{-3}(\text{m}^3/\text{s})$；$\Delta Z=20\text{cm}=0.2(\text{m})$

$p_1=1.32$kgf/cm^{2}相当于 $H_1=1.32\times10=13.2$(m 水柱)

$p_2=0.48$kgf/cm^{2}相当于 $H_2=0.48\times10=4.8$(m 水柱)

$u_1=Q_1/S=4Q_1/(\pi D_1^2)=2.84(\text{m/s})$，$u_2=4Q_1/(\pi D_2^2)=4.9(\text{m/s})$

$H=H_1+H_2+\Delta Z+(u_2^2-u_1^2)/2\text{g}=19.01$(m 水柱)

答：此泵的扬程为19.01m 水柱。

（6）已知某离心泵运转时，测得真空表的读数为180mm 汞柱，液体的密度为720kg/m^3，汞的密度为13600 kg/m^3，试求真空表所测的真空度以(m 液柱)计为多少？

解：

$$H_{真}=\rho_{汞}\cdot h_{汞}/\rho_{液}=13600\times1.8/720=3.4(\text{m 液柱})$$

答：真空表所测的真空度为 3.4m 液柱。

（7）已知离心泵输送的水温为常温，流量为 0.2m³/s，泵的实际扬程为 20m，泵效率为 0.8，求泵的轴功率？

解：常温下水的密度为 1000kg/m³

$$轴功率：N=\rho QH/0.8=1000\times0.2\times20/0.8=5000(\text{W})$$

答：泵的轴功率为 5000W。

（8）现用 100Y60 型油泵作为塔顶回流管线用泵，回流罐离泵入口距离高出 10m，吸入管线阻力估算为 $\sum h_{吸}=0.5$m 油柱，此泵允许气蚀余量为 $\Delta h_{允}=4.4$m 油柱。回流油的温度为 50℃，查得其饱和蒸气压为 $p_t=120$kPa（绝对压力），密度为 640kg/m³，试核算此泵安装位置是否合适（假设回流罐通大气）？

解：

$$\begin{aligned}z_3&=p_0/\rho g-p_t/\rho g-\Delta h_{允}-\sum h_{吸}\\&=(101.3-120)\times10^3/(640\times9.81)-4.4-0.5\\&=-2.89-4.9=-7.88(\text{m 油柱})\end{aligned}$$

z 是负值，泵为罐注头，应安装在吸入罐液面以下 7.88m 处（实际安装在 -8.38～-8.88m），现回流罐比泵入口高出 10m，大于计算值且留有足够余地，故安装合适，可以保证生产。

（9）某污油泵的型号为 ZQYR-26/12，其液缸直径 ϕ125mm，活塞杆直径 ϕ40mm，行程长度 250mm，每分钟往复次数为 20 次，试计算此泵的理论流量是多少？

解：此泵为双杠双作用，故可用公式 $[(2F-f)/60]\cdot A\cdot n$ 计算单缸流量 Q_1

则：$F=\pi D^2/4=3.14\times0.125^2/4=0.01227(\text{m}^2)$

$f=\pi d^2/4=3.14\times0.04^2/4=0.001256(\text{m}^2)$

$A=0.25\text{m}$，$n=20$

$Q_1=[(2F-f)/60]\cdot A\cdot n=[(2\times0.01227-0.001256)\times0.25\times20]/60=0.00194(\text{m}^3/\text{s})$

双缸流量 $Q_2=2Q_1\times3600=2\times0.00194\times3600=13.96(\text{m}^3/\text{s})$

答：此泵的理论流量为 13.96m³/s。

（10）溶剂泵的扬程为 500m，流量为 80m³/h，溶剂密度为 463kg/m³，已知泵的总效率为 80%，试求该溶剂泵的轴功率。

解：该溶剂泵的轴功率：

$$N=HQ\rho/(102\eta)=(500\times80\times463)/(3600\times102\times0.8)\approx63(\text{kW})$$

答：该溶剂泵的轴功率为 63kW。

（11）已知某泵的有效功率为 100kW，其机械效率为 80%，试求其轴功率。

解：轴功率：$N_{轴}=N_{有效}/\eta=100/0.8=125(\text{kW})$

答：泵的轴功率为 125kW。

（12）已知某溶剂脱沥青装置加工能力为 25 万 t/a（按年开工 8000h 计算），萃取塔操作压力为 3.6MPa，原料换热器压降 0.5MPa，管线压降 0.1MPa，控制阀压降 0.5MPa，泵入口压力 0.4MPa，泵效率 51%，求该装置原料泵的扬程与轴功率。

解：

扬程：

$$
\begin{aligned}
H &= (p+\sum\Delta p-p_{入})\times 101.9 \\
&= (3.6+0.5+0.1+0.5-0.4)\times 101.9 \\
&= 438.2(\mathrm{m})
\end{aligned}
$$

轴功率：

$$
\begin{aligned}
N_{轴} &= (Q\cdot\rho\cdot H)/(3600\times 102\times\eta) \\
&= (G\cdot H)/(3600\times 102\times\eta) \\
&= (31250\times 438.2)/(3600\times 102\times 0.51) \\
&= 73.12(\mathrm{kW})
\end{aligned}
$$

式中 H——扬程，m；

Q——体积流量，m^3/h；

ρ——密度，kg/m^3；

p——操作压力，MPa；

$\sum\Delta p$——压降，MPa；

$p_{入}$——泵入口压力，MPa；

η——泵效率,%；

N——轴功率，kW；

102——常数（1kW＝102kg·m/s）；

1MPa＝101.9（m 水柱）。

（13）有一台泵的电机输入电压为 380V，输入电流 300A，功率因数 0.95，泵的轴功率为 182kW，求电机的日耗电量及效率。

解：

耗电量：

$$
\begin{aligned}
Q &= \sqrt{3}\cdot V\cdot A\cdot\cos\phi\cdot 24/1000 \\
&= 1.732\times 380\times 300\times 0.95\times 24/1000 \\
&= 4501.81(\mathrm{kW\cdot h})
\end{aligned}
$$

效率：

$$
\begin{aligned}
\eta &= p_2/p_1 \\
&= 182/(1.732\times 380\times 300\times 0.95)/1000 \\
&= 97\%
\end{aligned}
$$

式中 Q——耗电量，kW·h；

p_1——电机输入功率，kW；

p_2——电机输出功率，kW；

η——电机效率,%；

ϕ——功率因数。

9.4 换热器工艺计算

（1）已知换热器流量 $G_{热}=1000kg/h$

热流入口焓 $H_1=1.8\times 10^6 kJ/kg$；热流出口焓 $H_2=6\times 10^5 kJ/kg$

冷流入口焓 $H_3=5\times10^5$kJ/kg；冷流出口焓 $H_4=1.2\times10^6$kJ/kg

求冷流体的流量 $G_{冷}$。

解：

$$Q_{吸}=Q_{放}G_{热}(H_1-H_2)=G_{冷}(H_4-H_3)$$

$$G_{冷}=1000\times(1.8\times10^6-6\times10^5)/(1.2\times10^6-5\times10^5)=1714.3(\text{kg/h})$$

答：冷流体的流量为 1714.3kg/h。

（2）一换热器热流进出口温度分别为 210℃和 115℃，冷流进出口温度分别为 104℃和 135℃，若为逆流传热，计算此换热器的传热平均温差。

解：

$$\Delta t_1=210-135=75(℃)；\Delta t_2=115-104=11(℃)$$

$$\Delta t_{逆}=(75-11)/\ln(75/11)=33(℃)$$

答：此换热器的传热平均差为 33℃。

（3）某中压溶剂水冷器壳程溶剂出入口温度为 33℃、48℃，溶剂流量为 32229kg/h，33℃、48℃下溶剂热焓分别为 90kcal/kg、100kcal/kg，冷却水流量为 32890kg/h，冷却水的出入口温度分别为 27℃、17℃，热焓分别为 27kcal/kg、17kcal/kg，试求该换热器的热损失。

解：① 溶剂吸收的热量：

$$\begin{aligned}Q_{吸}&=(H_{出1}-H_{入1})G_1\\&=(100-90)\times32229\\&=322290(\text{kcal/h})\end{aligned}$$

② 水放出的热量：

$$\begin{aligned}Q_{放}&=(H_{出2}-H_{入2})G_2\\&=(27-17)\times32890\\&=328900(\text{kcal/h})\end{aligned}$$

③ 由热平衡方程 $Q_{放}=Q_{吸}+Q_{损}$ 可得损失的热量：

$$\begin{aligned}Q_{损}&=Q_{放}-Q_{吸}\\&=328900-322290\\&=6610(\text{kcal/h})\end{aligned}$$

答：该换热器的热损失为 6610kcal/h。

（4）某换热器，管程流量为 39t/h，进出口温度分别为 210℃、115℃；壳程流量为 150t/h，进出口温度分别为 104℃、135℃，查得管程物料在 210℃、115℃时的热焓分别为 123.5kcal/kg、64.5kcal/kg，壳程物料在 104℃、135℃时的热焓分别为 56kcal/kg、71kcal/kg，试求该换热器在所给条件下的热损失。

解：① 管程物料放出的热量：

$$\begin{aligned}Q_{放}&=(H_{出1}-H_{入1})G_1\\&=(123.5-64.5)\times39\times1000\\&=230\times10^4(\text{kcal/h})\end{aligned}$$

② 壳程物料吸收的热量：

$$\begin{aligned}Q_{吸}&=(H_{出2}-H_{入2})G_2\\&=(71-56)\times150\times1000\\&=225\times10^4(\text{kcal/h})\end{aligned}$$

③ 由热平衡方程 $Q_{放}=Q_{吸}+Q_{损}$可得损失的热量：

$$
\begin{aligned}
Q_{损} &= Q_{放}-Q_{吸} \\
&= (230-225)\times10^4 \\
&= 5\times10^4(\mathrm{kcal/h})
\end{aligned}
$$

答：该换热器在所给条件下的热损失为 5×10^4kcal/h。

（5）某管式换热器，管子规格为 ϕ25mm×2.5mm 的无缝钢管，若 $\alpha_{内}=465.2\mathrm{W/(m^2\cdot℃)}$，$\alpha_{外}=581.5\mathrm{W/(m^2\cdot℃)}$，而管内、外表面都形成了一层积垢，且积垢热阻分别为 $R_{内垢}=3.44\times10^{-4}\mathrm{m^2\cdot℃/W}$，$R_{外垢}=6.88\times10^{-4}\mathrm{m^2\cdot℃/W}$，试求其传热系数 K？若将换热器清扫后，假定管内流体的给热系数不变，问其传热系数可提高多少？

解：① 清扫前：

$$
\begin{aligned}
K &= 1/[(1/465.2)+3.44\times10^{-4}+6.88\times10^{-4}\times(1/581.5)] \\
&= 203.9[\mathrm{W/(m^2\cdot℃)}]
\end{aligned}
$$

② 清扫后：

$$
\begin{aligned}
K &= 1/[(1/465.2)+(1/581.5)] \\
&= 258.4[\mathrm{W/(m^2\cdot℃)}]
\end{aligned}
$$

清扫前后的比值为：

$$258.4/203.9=1.267$$

从以上计算可知，清扫后传热系数可提高 26.7%。

9.5 加热炉工艺计算

（1）已知某加热炉标定时经计算需用空气量为 14kg 空气/kg 燃料，而实际用空气量为 18.48kg 空气/kg 燃料，求此加热炉的过剩空气系数。

解：过剩空气系数=实际空气用量/理论空气用量=18.48/14=1.32

答：此加热炉的过剩空气系数为 1.32。

（2）有一炉壁，由下列三种材料组成

耐火砖：$\lambda_1=1.4\mathrm{W/(m\cdot℃)}$，$b_1=230\mathrm{mm}$

保温砖：$\lambda_2=0.15\mathrm{W/(m\cdot℃)}$，$b_2=115\mathrm{mm}$

建筑砖：$\lambda_3=0.8\mathrm{W/(m\cdot℃)}$，$b_3=230\mathrm{mm}$

今测得其内壁温度为 900℃，外壁温度为 80℃，求此加热炉单位面积的热损失 Q？

解：

$$
\begin{aligned}
Q &= (\Delta t_1+\Delta t_2+\Delta t_3)/(b_1/\lambda_1A+b_2/\lambda_2A+b_3/\lambda_3A) \\
&= (900-80)/[0.23/(1.4\times1)+0.115/(0.15\times1)+0.23/(0.8\times1)] \\
&= 673(\mathrm{W/m^2})
\end{aligned}
$$

答：此加热炉单位面积的热损失为 673W/m^2。

（3）今有一保温砖墙，高 4m，长 5m，厚 0.215m，室内温度为 20℃，室外温度为 5℃，试求该墙单位时间内散失的热量？设砖的传热系数为 $\lambda=0.69\mathrm{W/(m\cdot℃)}$

解：$Q=\lambda S(t_2-t_1)/\delta=0.69\times4\times5\times(20-5)/0.215=963\mathrm{W}=963(\mathrm{J/s})$

答：该墙单位时间内散失的热量为 963J/s。

（4）溶剂加热炉辐射室的热负荷为 150×10^4kcal/h，热效率为 80%，辐射管长为 450m，管外径为 127mm，试求辐射管的表面热强度。

解：① 辐射管的表面积：

$$
\begin{aligned}
S_{辐} &= \pi D_1 \\
&= 3.14 \times 0.127 \times 450 \\
&= 179.451(\mathrm{m}^2)
\end{aligned}
$$

② 辐射管的表面热强度：

$$
\begin{aligned}
q_{辐} &= Q_{辐}/S_{辐} \\
&= 150 \times 10^4 \times 80\% / 179.451 \\
&\approx 6687[\mathrm{kcal}/(\mathrm{m}^2 \cdot \mathrm{h})]
\end{aligned}
$$

答：辐射管的表面热强度约为 6687kcal/(m^2 · h)。

(5) 溶剂加热炉对流室的热负荷为 80×10^4kcal/h，热效率为 80%，每根对流管长度为 2m，共有 150 根，管外径为 102mm，试求对流管的表面热强度。

解：① 对流管的表面积：

$$
\begin{aligned}
S_{对} &= \pi D_1 \\
&= 3.14 \times 0.102 \times 2 \times 150 \\
&= 96.084(\mathrm{m}^2)
\end{aligned}
$$

② 对流管的表面热强度：

$$
\begin{aligned}
q_{对} &= Q_{对}/S_{对} \\
&= 80 \times 10^4 \times 80\% / 96.084 \\
&\approx 6661[\mathrm{kcal}/(\mathrm{m}^2 \cdot \mathrm{h})]
\end{aligned}
$$

答：对流管的表面热强度约为 6661kcal/(m^2 · h)。

(6) 测得溶剂加热炉烟道气中 CO_2 含量为 10.8%，O_2 含量为 3.1%，试求其过剩空气系数。

解：过剩空气系数：

$$
\begin{aligned}
\alpha &= (100 - CO_2 - O_2)/(100 - CO_2 - 4.76O_2) \\
&= (100 - 10.8 - 3.1)/(100 - 10.8 - 4.76 \times 3.1) \\
&\approx 1.16
\end{aligned}
$$

答：加热炉的过剩空气系数约为 1.16。

(7) 某加热炉(无外界热源预热燃烧用空气)，有效热负荷 $Q_{有} = 40000$MJ/h，燃料油低发热值 $Q_L = 41.8$MJ/kg，燃料用量 $B = 1100$kg/h，求炉热效率 η。

解：

$$
\eta = Q_{有}/(Q_L \times B) = 40000/(41.8 \times 1100) = 86.99\%
$$

答：炉热效率为 86.99%。

9.6 容器工艺计算

(1) 溶剂泵出口流量为 $80\mathrm{m}^3/\mathrm{h}$，中压回罐量为 $24\mathrm{m}^3/\mathrm{h}$，高压回罐量为 $53\mathrm{m}^3/\mathrm{h}$，罐内溶剂可用量为 $30\mathrm{m}^3$，试求这罐溶剂可使用多长时间再换罐。

解：① 进罐流量：

$$
\begin{aligned}
V_{进} &= V_{高压} + V_{中压} \\
&= 24+53 \\
&= 77(m^3/h)
\end{aligned}
$$

② 出罐流量 $V_{出}=80m^3/h$，根据物料平衡 $V_{出}=V_{进}+V_{减}$ 可得：

$$
\begin{aligned}
V_{减} &= V_{出} - V_{进} \\
&= 80-77 \\
&= 3(m^3/h)
\end{aligned}
$$

③ 所用时间：

$$t=L/V=30/3=10(h)$$

答：这罐溶剂可用 10h 再换罐。

(2) 已知原料缓冲罐的容积是 46.5m³，装置处理量为 75t/h，正常液位控制为 60%，请问原料罐区突然断料，本装置最多能维持多长时间生产？(原料相对密度为 0.95)

解：

$$46.5\times60\%\times0.95\times60/75\approx22(min)$$

答：若原料中断，本装置能最多能维持 22min。

9.7 塔器工艺计算

(1) 某塔内径为 2m，进料口距塔底 10m，塔底出口流量为 25m³/h，求物料在塔内的停留时间(忽略封头与柱体的体积差)。

解：① 进料口至塔底的体积：

$$V=3.14\times1^2\times10=31.4(m^3)$$

② 停留时间：

$$
\begin{aligned}
t &= V/Q \\
&= 31.4/25 \\
&= 1.256(h)
\end{aligned}
$$

答：物料在塔内的停留时间为 1.256h。

(2) 已知某塔内径为 1m，总流量为 400m³/h，求空塔线速度。

解：空塔线速度：

$$
\begin{aligned}
V_{空} &= Q/S \\
&= Q/(D^2\pi/4) \\
&= (400/3600)/(1^2\times3.14/4) \\
&= 0.142(m/s)
\end{aligned}
$$

答：空塔线速度为 0.142m/s。

(3) 已知萃取塔尺寸为 ϕ2800mm×18088mm×58mm，渣油流量为 30m³/h，主溶剂流量为 110m³/h，副溶剂流量为 20m³/h，求萃取塔的空塔线速度。

解：① 总流量：

$$Q=30+110+20=160(m^3/h)$$

② 空塔线速度：

$$V_{空}=Q/S$$
$$=Q/(D^2\pi/4)$$
$$=(160/3600)/(2.8^2\times 3.14/4)$$
$$=7.22\times 10^{-3}(m/s)$$

答：空塔线速度为 7.22×10^{-3}m/s。

(4) 已知某汽提塔尺寸为 ϕ1200mm×12800mm×10mm，泡帽塔盘间距为 610mm(根据塔盘型式及间距可查知 $K=110$)，操作条件下气相溶剂量为 1.685kg/h，水蒸气为 330kg/h，总体积为 472m³/h，液相脱沥青油密度为 800kg/m³，求空塔线速度及允许线速度。

解：空塔线速度：

$$V_{空}=Q/S=Q/(D^2\pi/4)$$
$$=(472/3600)/(1.2^2\times 3.14/4)$$
$$=0.116(m/s)$$

式中 Q——气体体积流量，m³/h；

S——空塔截面积，m²。

允许线速度：

$$V_{允}=(K/3600)\times[(\rho_1-\rho_v)/\rho_v]^{1/2}\times 0.8$$
$$\rho_v=(1585+330)/472=4.06(kg/m^3)$$
$$V_{允}=(110/3600)\times[(800-4.06)/4.06]^{1/2}\times 0.8$$
$$=0.34(m/s)$$

答：空塔线速度为 0.116m/s；允许线速度为 0.34m/s。

9.8 质量平衡、能量平衡

(1) 溶剂脱沥青渣油中含硫量为 1.5%，产品中沥青含硫量为 1.5%，重脱油含硫量为 1.8%，轻脱油含硫量为 0.6%，装置处理量为 800t/d，沥青、重脱油、轻脱油收率分别为 60%、28%、12%，试求装置中剩余的硫的量。

解：① 渣油中含硫量：

$$G_{进}=800\times 1.5\%=12(t/d)$$

② 产品中含硫量：

$$G_{出}=800\times(60\%\times 1.5\%+28\%\times 1.8\%+12\%\times 0.6\%)$$
$$=11.8(t/d)$$

③ 装置中剩余的硫的量：

$$G_{剩}=G_{进}-G_{出}$$
$$=12-11.8$$
$$=0.2(t/d)$$

答：脱硫系统的脱硫量为 0.2t/d。

(2) 溶剂脱沥青渣油中含硫量为 1.5%，产品中含硫量重脱油为 1.8%，轻脱油为 0.6%，装置处理量为 800t/d，沥青、重脱油、轻脱油收率分别为 60%、28%、12%，脱硫系统的脱硫量为0.19t/d，试求沥青中含硫量。

解：① 渣油中含硫量：

$$G_{进}=800\times1.5\%=12(t/d)$$

② 产品中含硫量：

$$\begin{aligned}G_{出}&=800\times(28\%\times1.8\%+12\%\times0.6\%)+G_{沥青}\\&=4.61+G_{沥青}\end{aligned}$$

③ 沥青中含硫量：

$$\begin{aligned}G_{沥青}&=G_{进}-4.61-G_{脱}\\&=12-4.61-0.19\\&=7.2(t/d)\end{aligned}$$

沥青中含硫量=7.2/(800×60%)=1.5%

答：沥青中含硫量为1.5%。

(3) 溶剂脱沥青渣油中含硫量为1.5%，装置处理量为800t/d，已知产品中含硫量为11.9t/d，试求装置中剩余的硫的量。

解：① 渣油中含硫量：

$$G_{进}=800\times1.5\%=12(t/d)$$

② 装置中剩余的硫的量：

$$\begin{aligned}G_{剩}&=G_{进}-G_{出}\\&=12-11.9\\&=0.1(t/d)\end{aligned}$$

答：脱硫系统的脱硫量为0.1t/d。

(4) 萃取塔原料流量为29t/h，主溶剂流量为48t/h，副溶剂流量为6t/h，塔顶出口流量为69t/h，试求塔底出口流量。

解：① 进塔总流量：

$$\begin{aligned}G_{进}&=G_{原料}+G_{主溶剂}+G_{副溶剂}\\&=29+48+6\\&=83(t/h)\end{aligned}$$

② 出塔总流量：

$$\begin{aligned}G_{出}&=G_{顶出}+G_{底出}\\&=69+G_{底出}\end{aligned}$$

根据物料平衡 $G_{进}=G_{出}$ 可得：

$$\begin{aligned}G_{底出}&=G_{出}-G_{顶出}\\&=G_{进}-G_{顶出}\\&=83-69\\&=14(t/h)\end{aligned}$$

答：塔底出口流量为14t/h。

(5) 临界塔进塔流量为60t/h，塔顶出口流量为50t/h，试求塔底出口流量。

解：根据物料平衡 $G_{进}=G_{出}$ 可得：

$$
\begin{aligned}
G_{底出} &= G_{出} - G_{顶出} \\
&= G_{进} - G_{顶出} \\
&= 60-50 \\
&= 10(\mathrm{t/h})
\end{aligned}
$$

答：塔底出口流量为10t/h。

（6）溶剂脱沥青装置原料处理量为800t/d，轻脱油收率20%，产重脱油320t/d，忽略损失，试计算沥青产量。

解：由质量守恒 $G_{原料}=G_{轻脱油}+G_{重脱油}+G_{沥青}$ 可得沥青产量：

$$
\begin{aligned}
G_{沥青} &= G_{原料} - G_{轻脱油} - G_{重脱油} \\
&= 800-800\times20\%-320 \\
&= 320(\mathrm{t/d})
\end{aligned}
$$

答：沥青产量为320t/d。

（7）某溶剂脱沥青装置进料为750t/d，产轻脱沥青油165t/d，重脱沥青油150t/d，沥青435t/d，求该装置各产品收率（设加工损失为0）。

解：轻脱沥青油收率=(165/750)×100%=22%

重脱沥青油收率=(150/750)×100%=20%

沥青收率=(435/750)×100%=58%

（8）某溶剂脱沥青装置进料为750t/d，用循环水7500t/d，1.0MPa蒸汽为132t/d，电14100kW·h，燃料气为10.5t/d，计算该装置能耗。

换算系数，1t蒸汽$=76\times10^4$kcal，1t水$=0.1\times10^4$kcal，1度电$=0.3\times10^4$kcal，1t燃料气$=800\times10^4$kcal，1cal=4.18J

解：计算单耗：

水：7500/750=10t/t原料

蒸汽：132/750=0.176t/t原料

电：14100/750=18.8kW·h/t原料

燃料气：10.5/750=0.014t/t原料

计算单位能耗：

$$
\begin{aligned}
单位能耗 &= 10\times0.1+0.176\times76+18.8\times0.3+0.014\times800 \\
&= 31.26\times10^4\mathrm{kcal/t}\ 原料 \\
&= 1307(\mathrm{MJ/t}\ 原料)
\end{aligned}
$$

答：该装置能耗为1307MJ/t原料。

（9）某脱沥青油溶液加热器型号为 $F_B600-100-64-4$ Ⅱ，脱沥青油加热所需的热量为3638200kcal/h，换热器的热损为4%，求加热蒸汽需提供的热量。

解：

$$
\begin{aligned}
Q_{汽} &= (1+4\%)\times3638200 \\
&= 3783726(\mathrm{kcal/h})
\end{aligned}
$$

答：加热蒸汽需提供3783726kcal/h热量。

（10）一萃取塔进料渣油为31.25t/h，溶剂比为4.3∶1（质），已知重脱沥青油溶液流量为11.65t/h，沥青溶液流量为26.23t/h，求轻脱沥青油溶液流量。

解：

$$\text{进塔物料总量} = \text{渣油量} + \text{溶剂量} = (1+4.3)\times 31.25 = 165.625(t/h)$$

$$\text{轻脱沥青油溶液流量} = \text{进塔总量} - \text{重脱沥青油溶液流量} - \text{沥青溶液流量} = 165.625-11.65-26.23 = 127.745(t/h)$$

答：轻脱沥青油溶液流量为127.745t/h。

（11）蒸发塔入口总流量为25t/h，溶剂含量为30%，塔底出口油品溶剂含量为7%，求塔顶回收溶剂量。

解：进塔溶剂量 $G_1=25\times 30\%=7.5(t/h)$

进塔油品量 $G_2=25-7.5=17.5(t/h)$

塔底带走溶剂量 $G_3=(17.5\times 7\%)/(93\%)=1.32(t/h)$

塔顶回收溶剂量 $G_4=G_1-G_3=7.5-1.32=6.18(t/h)$

（12）已知溶剂与原料质量比为3∶1，操作条件下溶剂的密度为550kg/m^3，原料的密度为1000kg/m^3，求体积比。

解：体积比 $=V_{溶剂}/V_{原料}=(m_{溶剂}/\rho_{溶剂})/(m_{原料}/\rho_{原料})=(m_{溶剂}/m_{原料})\times(\rho_{原料}/\rho_{溶剂})=(3/1)\times(1000/550)=5.45$

答：体积比为5.45。

9.9 其他计算

（1）已知人体干燥时电阻为1000Ω，人体带水时电阻降到400Ω，人体触电的致命电流下限为360mA，当人体电压为220V时，计算两种情况下通过人体的电流，哪种情况可以使人致命。

解：$I=V/R$，干燥时 $I=220/1000=0.22A=220(mA)$

带水时 $I=220/400=0.55A=550(mA)$

即人带水时，220V电压可使人触电致死。

（2）已知油品的恩氏蒸馏数据如下：

馏出/%（体积）	10	30	50	70	90
馏出温度/℃	54	84	108	135	182

求此油品的体积平均沸点和曲线率？

解：

$$t_{平}=(t_{10}+t_{30}+t_{50}+t_{70}+t_{90})/5=(54+84+108+135+182)/5=112.6(℃)$$

$$\text{曲线率}=(t_{90}-t_{10})/(90-10)\times 100\%=[(182-54)/80]\times 100\%=160\%$$

答：此油品的平均沸点为112.6℃，曲线率为160%。

（3）已知大庆渣油中元素组成C%为86.7；H%为10.6；N%为0.99；S%为0.31；求此渣油的H/C（原子比）为多少？

解：H/C（原子比）$=10.6\times 12/86.7=1.47$

答：此渣油的 H/C(原子比)为 1.47。

(4) 假如装置处理量为50t/h，溶剂比为3.5(质量比)，现将溶剂比降为3.0，请计算出应降多少 t 溶剂才能达到目的?

解：50×3.5−50×3.0=25(t)

答：应降 25t 溶剂。

(5) 某溶脱装置当月处理量为65000t，生产成本为190万元，制造费用为5万元，试计算该装置本月的单位加工费?

解：单位加工费=[(190+5)×10000]/65000=30(元/t)

答：该装置本月的单位加工费为30元/t。

9.10 常用的换算关系

(1) 单位名称及符号，见表9-1。

表9-1 单位名称及符号

物理量的名称	国际单位	
	单位名称	单位符号
长度	米	m
时间	秒	s
质量	千克(公斤)	kg
力，重量	牛[顿]	N(kg·m·s^{-2})
速度	米每秒	m/s
加速度	米每二次方秒	m/s^2
密度	千克每立方米	kg/m^3
压力，压强	帕[斯卡]	Pa(N/m^2)
能[量]，功，热量	焦[耳]	J(kg·m^2·s^{-2})
功率	瓦[特]	W(J/s)
[动力]黏度	帕[斯卡]·秒	Pa·s(kg·m^{-1}·s^{-1})
运动黏度	二次方米每秒	m^2/s
表面张力	牛[顿]每米	N/m(kg·s^{-2})
扩散系数	二次方米每秒	m^2/s

(2) 压力换算，见表9-2。

表9-2 压力换算

项目	帕斯卡 Pa	巴 bar	标准大气压 atm	毫米汞柱(托) mmHg(Torr)
帕斯卡 Pa	1	1×10^{-5}	9.86923×10^{-5}	7.50062×10^{-3}
巴 bar	10^5	1	0.986923	750.062
标准大气压 atm	101325	1.01325	1	760
毫米汞柱 mmHg	133.322	1.33322×10^{-3}	1.131579×10^{-3}	1

第 10 章　溶剂脱沥青应知应会

10.1　萃取超临界系统

（1）溶剂脱沥青的工艺原理是什么?

答：选择一种低沸点的烷烃作溶剂，利用它对渣油中的油组分有相当大的溶解度，而对胶质沥青质几乎不溶的特点，将渣油中的油组分与胶质、沥青质分离开的工艺过程，溶剂经超临界回收和汽提回收后循环使用。

（2）什么是萃取?

答：即化学上的萃取，利用混合物中各组分在溶剂中的溶解度不同而达到分离的目的。

（3）什么是超临界?

答：温度及压力均处于临界点以上的流体叫超临界流体，它既具有气体的易压缩性，又像液体一样具有较大的密度，有较好的流动性和热传导性能。

（4）正丁烷的临界压力和临界温度是多少?

答：临界压力：3.79MPa，临界温度：153.2℃。

（5）异丁烷的临界压力和临界温度是多少?

答：临界压力：3.65MPa，临界温度：134.69℃。

（6）渣油进料温度太高或太低会怎样?

答：渣油温度太高萃取塔进料温度很难控制，温度太低油品黏度大易造成原料泵的超电流、振动加大或抽空。

（7）原料机泵切换时应注意什么?

答：由于原料泵压头压差大，机泵切换时应注意：1)防止切换过程中内外操配合不好，造成萃取进料量大幅波动；2)防止在 A 泵单向阀内漏或打了回流等情况下，B 泵出口反窜回 A 泵入口造成 B 泵超电流跳闸。

（8）原料泵的日常巡检点内容是什么?

答：检查运行泵电流是否正常；检查电机振动、温度、声音、润滑脂液位是否正常；检查轴承振动、温度、声音、润滑油液位及品质是否正常；检查机泵端封及轴承箱冷却水是否正常；检查封油压力是否正常；检查端封、泵体是否有泄漏；检查备用泵预热、平衡管伴热是否正常备用。

（9）原料检修需切出吹扫如何操作?检修后如何灌泵预热?

答：检修切出吹扫：关闭出入口预热线阀，关两端封油阀，打开至火炬放空阀，泵入口阀后给蒸汽吹扫，吹扫时多次开关至火炬放空阀，泵出口现场检查干净，停汽关闭放火炬阀，泄压停电，交出检修。

灌泵预热：先用封油试静压不漏后，缓慢开泵入口阀，稍开至火炬阀排放 1~2 分钟，开预热阀预热。

（10）渣油进萃取塔之前分别与什么介质进行混合?预混合的目的是什么?

答：胶质、稀释溶剂、主溶剂；有利于降低渣油进料黏度，使渣油与溶剂充分混合，提高萃取效果。

(11) 静态混合器的内部结构是怎样的?

答:由单孔道左、右扭转的螺旋片组焊而成。

(12) 双法兰界位计测量的原理是什么?

答:双法兰界位计测量,是基于低密度介质高度和高密度介质的高度,根据流体静力学原理测量界位的,主要由法兰式测量头、毛细管和差压变送器三部分组成。法兰处密封隔离膜片能够防止容器中的介质直接进入差压变送器,它与变送器之间是靠充满隔离液(一般采用硅油)的毛细管连接起来的,当膜片受压后产生微小变形,变形位移通过隔离液传递给变送器,由变送器处理后转换成输出信号。

(13) 沉降塔顶开工后为何需放不凝气?

答:排氮气及不凝气,不排放会积聚在罐顶,从而压低脱沥青油溶剂空间,严重不凝气窜至脱沥青油溶液泵造成抽空。

(14) 脱沥青油溶液泵出入口跨线的作用是什么?

答:开工收溶剂时用及停工吹扫阀。

(15) 脱沥青油溶液泵干气密封投用/停用操作法及注意事项?

答:操作方法:1)灌泵完成,不漏。2)给氮气。改通干气密封至后路,打开氮气阀,拉起给氮气减压阀旋钮,给氮气调整压力至0.4~0.5MPa,观察后路排放压力是否在0.4~0.5MPa之间。

注意事项:泵投用时,先灌泵再投用干气密封;泵停用时,先停干气密封再泵体泄压。

(16) 脱沥青油溶液泵正常生产时如何切换较平稳?

答:备用泵开循环阀试运正常,开出口阀并入系统,关循环阀;同时开运行泵循环阀,关泵出口阀,待备用泵运行正常后,关原运行泵循环阀,停下运行泵。

(17) 脱沥青油溶液泵需检修如何切出泄压?检修后如何灌泵预热?

答:切出检修:关泵预热阀,关两端干气密封阀;关小泵入口阀剩2~3扣;关冲洗溶剂总阀,后关泵入口阀,注意操作配合。打开泵顶放空阀泄压,注意开度不要太大避免泄压过快;泵体压力回零后,继续泄压至少两个小时,关顶放空阀,打开出口压力表放空阀确认干净后,停电交检修。

灌泵预热:检查确认冲洗溶剂、泵出口压力表已投用;确认泵顶放空阀、出口放空阀关闭;泵顶放空阀开1~2扣,先开大两端冲洗溶剂阀,再稍开冲洗溶剂总阀;待泵顶放空管线冰凉即排空完毕,关闭顶放空阀;再稍开大点冲洗溶剂总阀,确认冲洗溶剂两端压力表压力缓慢同步上升;全面检查泵体、机封、端封是否存在漏点;升压至4.1MPa时打开泵入口阀,再次全面检查;确认试静压合格,将入口阀开至正常开度,每隔至少一小时分三次开预热阀;投用干气密封。

(18) 脱沥青油溶液泵日常巡检点内容是什么?

答:检查冷却水、干气密封、润滑油液位是否正常,检查泵体和电机的声音及振动、温度是否正常,泵出口压力是否正常,泵体是否泄漏等。

(19) 分程控制可能存在什么风险?如何避免?

答:存在调节阀失灵,阀位全关,导致高压系统跳安全阀。适当开一些副线,当调节阀失灵时,有缓冲时间,马上到现场用副线控。

(20) 正常生产时油种变轻，脱沥青油残炭升高，应如何调整操作？

答：提高沉降温度，适当增大溶剂比。

(21) 为了提高脱沥青油收率，萃取应如何调整操作？

答：降低萃取塔、沉降塔进料温度。

(22) 如何判断萃取混相？如何避免？若发生混相，如何调整操作？

答：脱油沥青加热炉出口温度升高、背压波动。根据油种及性质变化提前将萃取塔界位控制在60%左右。若发生混相，应加大副溶剂量，增大溶剂比。

(23) 原料泵自停如何及时发现？如何应急处理？

答：原料泵自停，萃取塔进料流量为零，萃取压力下降。外操立即启动备用泵，内操关萃取塔进料调节阀防反窜，加大补充溶剂。

(24) 脱沥青油溶液泵自停如何及时发现？如何应急处理？

答：加热炉四路进料回零，溶剂总管流量回零，萃取压力上升高报。外操立即启动备用泵，内操立即关小进萃取系统溶剂流量。

(25) 低压补高压溶剂泵自停如何及时发现？如何应急处理？

答：返罐量回零，补充溶剂总管流量回零，萃取压力下降。外操立即启动备用泵，内操关补充溶剂总管量调节阀防反窜。

10.2 加热炉系统

(26) 脱油沥青加热炉低于最低流量会如何？

答：流量过低会造成炉管结焦。

(27) 脱油沥青加热炉背压太高或太低会如何？

答：背压太高，会造成能耗增加；背压太低，会造成溶剂与沥青未到汽提塔就分离，导致炉管容易结焦。

(28) 加热炉风门开度太小会如何？

答：风门开度太小，炉内瓦斯燃烧不完全，加热炉冒黑烟，CO升高，严重时会熄火。

(29) 瓦斯罐压力与炉前瓦斯压力压差增大说明什么？如何处理？

答：说明瓦斯流量计或阻火器滤网有堵塞，需组织清理滤网。

(30) 瓦斯带液如何及时发现和判断？如何处理？

现象：炉膛发暗、混浊；流量指示快速波动；烟囱冒黑烟。

处理方法：调节火嘴风门，增加入炉空气量，流控阀改手动控；加强瓦斯罐脱液，并注意禁止周围车辆通行。

(31) 加热炉长明灯压力太高或太低会如何？

答：长明灯压力太高会脱火，压力太低容易熄火甚至触发联锁。

(32) 加热炉鼓风机停机联锁的动作内容有哪些？

答：鼓风机停机，则加热炉炉底自然风门打开，引风机停机，炉顶烟道旁路密封挡板打开。

(33) 加热炉冷烟气出口温度太低或太高会如何？

答：加热炉冷烟气出口温度太低容易有冷凝酸水，产生露点腐蚀；温度太高炉效率降低，增加能耗。

(34) 烟气 NO_x 升高原因有哪些？如何应急处理？

答：1)因剩氧含量高引起(瓦斯热值波动、大幅降量、紧急停炉等)：立即调低剩氧至3.0%以下；立即汇报调度及管理人员；立即联系在线仪表班到现场校表。2)因仪表故障引起：立即联系在线仪表班到现场处理；汇报调度及管理人员。

(35) 烟气 SO_2 升高原因有哪些？如何应急处理？

答：1)因瓦斯管网异常引起：内操立即汇报班长，并关注变化趋势；若继续上升，则汇报调度；若维持或下降，则加强观察；汇报调度及管理人员，现场自测中、高瓦斯硫化氢并拍照上传，采样送化验分析硫化氢和总硫；根据自测结果全开或停用高压瓦斯；联系在线仪表班到现场校表；若长时间超标，需持续采样 1 小时/次持续跟踪，并在最高点采样 1 次。2)因仪表故障引起：立即联系在线仪表班到现场处理；汇报调度及管理人员。

(36) 烟气颗粒物升高原因有哪些？如何应急处理？

答：1)因管网异常引起：内操立即汇报班长，并关注变化趋势；若继续上升，则汇报调度；若维持或下降，则加强观察；汇报调度及管理人员，现场采样送化验分析；联系在线仪表班到现场校表。2)因仪表故障引起：立即联系在线仪表班到现场处理；汇报调度及管理人员。

10.3 回收系统

(37) 什么是溶剂回收？一般采用哪几种方式？

答：溶剂的回收是指将溶剂与脱沥青油、胶质、沥青质分开，并降温而重复利用的过程。一般采用超临界回收、蒸发回收、蒸汽汽提回收等方式。

(38) 溶剂超临界回收的原理是什么？

答：利用超临界流体溶解能力随温度、压力变化的特性，将脱沥青油相压力升到超过溶剂临界压力不太多，而温度超过溶剂临界温度很多的状态，从而使溶剂密度降到很小，对脱沥青油几乎无溶解能力，使溶剂与脱沥青油分离，经降温后重新使用。

(39) 低压溶剂回收的原理是什么？

答：汽提塔注入蒸汽，保持总压不变的情况下，$P_{总}=P_{蒸汽}+P_{溶剂}+P_{油气}$，其中 $P_{油气}$ 很小，加入 $P_{蒸汽}$ 则使 $P_{溶剂}$ 相应减小，从而使溶剂以气体状态从油中分离出来，经降温冷凝循环使用。

(40) 吹汽量多与少对溶剂汽提回收有何影响？

答：1)吹汽量少：回收溶剂不完全，塔底泵抽空，产品不合格；2)吹汽量多：汽提塔液面不稳定，严重时可使溶剂带油；蒸汽浪费，不利于节能。

(41) 脱油沥青汽提塔一般的内部结构和塔盘类型是什么？

答：一般设有一层破沫网、一层集油箱、四层圆泡帽、二十层筛板。

(42) 脱油沥青汽提塔底温度最低不能低于多少？温度太低会如何？

答：最低不能低于 260℃；温度太低脱油沥青线易堵塞。

(43) 汽提塔底运行泵出口压力太低，原因是什么？如何调整操作？

答：介质携带溶剂，易导致泵半抽空；汽提塔液位低时应使塔液位高控，提高汽提蒸汽量，提高炉出口温度。

（44）沥青罐区硫化氢报警，应如何调整工艺参数到位？

答：提高胶质加热炉、脱油沥青加热炉出口温度，提高汽提塔液位和汽提塔蒸汽量。

（45）汽提塔压力太低或太高会如何？

答：太低与溶剂罐无压差，太高溶剂易带入塔底，再高易串入蒸汽管网。

（46）旋风分离器的原理是什么？

答：利用离心力把重组分脱出。

10.4　日常操作

（47）升降处理量操作方法及注意事项？

答：操作方法：通知渣油罐区注意渣油泵出口压力；调整进料调节阀升降处理量，调整幅度不要太猛；根据需要重新调整溶剂比，控稳超临界压力；检查原料泵电流及振动情况。

注意事项：关注原料泵出口压力和出口流量；原料泵低于最小流量时需开循环线；脱油沥青加热炉、胶质加热炉需关注进料不低于最低流量。

（48）调整溶剂比操作方法及注意事项？

答：操作方法：提前算好调整溶剂比需调整多少吨循环量；调整脱沥青油加热炉四路进料流量，并调整瓦斯量，减少四路温差；调整控稳萃取超临界压力；检查脱沥青油溶液泵的电流及振动情况。

注意事项：调整温度、压力尽量使用微调，调整幅度不能太大；加热炉分支温差≯10℃，平时温差尽量控制在3℃范围内；调整溶剂比后需检查脱沥青油溶液泵的电流及振动情况。

（49）调整萃取塔、沉降塔界面操作方法及注意事项？

操作方法：调整副溶剂流量或温度；调整底抽出量；调整萃取进料量；调整萃取沉降温度、压力。

注意事项：平时通过调整副溶剂和底抽出控制界面；油种变化时可调整萃取沉降温度和进料量；调整底抽出后相应调整加热炉出口温度和背压，同时调整控稳汽提塔液面和压力。

（50）调整汽提塔压力操作方法及注意事项？

答：操作方法：控制塔顶出口量调整汽提塔压力；控稳炉进料、背压及炉出口温度。

注意事项：若冷却效果差导致塔压高，则放不凝气或适当降处理量；控稳汽提塔汽提蒸汽量，避免汽提蒸汽带水。

（51）装置改内循环操作方法及注意事项？

答：操作方法：将脱沥青油改回原料罐，关脱沥青油出装置阀；将脱油沥青改回原料罐，关脱油沥青出装置阀；关渣油进装置阀。

注意事项：要控稳原料泵入口温度；调整萃取塔、沉降塔底抽出量，确保加热炉入炉流量不低于最低流量；三塔液面尽量高控，以防产品带溶剂回原料罐，导致原料泵抽空。

（52）调整加热炉剩氧含量操作方法及注意事项？

答：操作方法：调整一、二次风门，调整过剩空气量；调整鼓风机频率；调整引风机频率；调整进炉瓦斯流量。

注意事项：剩氧大，则热效率低，且氮氧化物可能超标；剩氧过小，一氧化碳超标。

(53) 调整加热炉炉膛负压操作方法及注意事项？

操作方法：调整加热炉挡板；调整引风机频率；调整一、二次风门。

注意事项：负压过大，热效率低，火焰容易脱火；负压过小，容易炉膛正压，回火。

(54) 调整瓦斯火嘴操作方法及注意事项？

答：根据火焰颜色调整一次风门开度；根据火嘴燃烧情况，可适当用火嘴前瓦斯手阀卡量；保证炉前瓦斯压力不可太低或太高。

注意事项：控好炉膛负压，负压太大，容易使火嘴脱火，负压过小，有回火风险；火嘴堵塞要及时清理。

(55) 投用鼓风机引风机联锁操作方法及注意事项？

答：鼓风机联锁的投用：确认鼓风机出口压力在正常范围内；确认鼓风机运行正常，鼓风机出口压力正常，自然风门全部已关闭；SIS 系统投用。

引风机联锁的投用：确认引风机入口压力在正常范围内；确认引风机运行正常，引风机入口压力正常，烟道旁路密封挡板全部已关闭；SIS 系统投用。

注意事项：必须确认所有联锁投用条件已具备，工况、设备、仪表运行正常，再投用联锁。

(56) 机泵盘车操作方法及注意事项？

答：操作方法：顺着机泵运行方向盘动 2~3 圈。

注意事项：确认机泵在备用状态再进行盘车；注意机泵运转方向(本装置机泵左旋和右旋方向都有)和单双日标线规定；发现盘不动车或有杂音或不顺畅应联系机修检查。

(57) 机泵参数检测方法及注意事项？

答：操作方法：利用测振仪对着端封(南北)指定点垂直和水平各测一次，测振时稍用力压着测振仪 10 秒左右，测量数值恒定时测量参数才准确。

注意事项：用测温仪对准标定位置点测端封温度(每次测量温度都应对准标定点位置)；测振时注意自身安全，严禁戴手套、扣好工作服衣袖、系好安全帽；发现检测参数超标应及时联系检查。

(58) 一般离心泵吹扫操作方法及注意事项？

答：操作方法：关闭出入口阀、预热阀；蒸汽切干净水，泵体压力泄至火炬系统后再给汽吹扫；吹扫过程反复盘车；如果是重油及多级离心泵可采用爆破吹扫法；经放空检查已吹干净，停汽关放空阀，泄压交出检修。

注意事项：停汽泄压后先封闭一会儿，确认相关阀门无内漏。

(59) 减压渣油、道路沥青、脱沥青油采样操作方法及注意事项？

答：操作方法：检查采样瓶，确认采样油瓶符合要求，核对采样油瓶与采样介质对应，时间对应；置换采样管，采样前将采样管内的残留介质按规定地点排放；采样品至采样杯的 2/3 左右；采样杯按规定位置摆放在采样箱内。

注意事项：采样人员必须持证上岗，采样完毕应立即关闭采样阀；采样前，必须检查采样点周围的工作环境，确保采样周围无动火作业；采样者和监护者都应佩戴好相应的劳动保护用品；非常规采样，需要在班长、技术人员到现场后才可采样，采样前做好 JHA 分析；采样样品严禁进水；检查放样管线伴热是否正常，如不通应关闭采样阀再离开。

(60) 瓦斯气、丁烷及不凝气采样操作方法及注意事项？

答：操作方法：采样前人站上风向，稍开阀门置换采样管；置换采样袋；样袋至少置换

2~3 次后，进行采样；采样完成后，将采样软管双折后，用夹子夹好，确保气体不发生泄漏，并按规定位置摆放在采样箱内。

注意事项：采样人员必须持证上岗，采样完毕应立即关闭采样阀；采样前，必须检查采样点周围的工作环境，确保采样周围无动火作业；采样者和监护者都应佩戴好相应的劳动保护用品；非常规采样，需要在班长、技术人员到现场后才可采样，采样前做好 JHA 分析。

10.5　开停工操作

(61) 装置切断进料准备工作、操作方法及注意事项?

答：准备工作：检查确认停工所用管线良好，伴热均给上；联系调度，改通停用后的流程，并给上伴热；通知上下游做好配合。

操作方法：改好循环流程；外出物料全部停送；降量后原料泵稍开回流；关进料界区阀，原料罐停收进料。

注意事项：提前投用温水换热器，投用温水前，壳程必须留泄压流程；注意温水温度；切断进料后注意开原料泵预热阀预热。

(62) 切断进料渣油改走萃取塔底开工线准备工作、操作方法及注意事项?

答：准备工作：适当打开开工线阀门，关小萃取塔底抽出阀；记下原料泵打循环时电流；关小回原料罐的循环线。

操作方法：当萃取塔底界面 40%时，缓慢开萃取塔底开工循环阀，使原料泵上升 1 个电流；及时控稳加热炉背压 2.5MPa 至 2.6MPa，控稳加热炉出口温度。

注意事项：原料泵回原料罐循环阀开度不能大，萃取塔底阀开度不能大，以防倒窜；调整时应缓慢、分多次调节至加热炉进料量，避免背压大幅波动；控稳高压系统压力；原料罐液面高时，及时退油。

(63) 萃取塔底兑油操作方法?

答：切断萃取塔进料后，萃取塔还有 40%界面时，即往脱油沥青加热炉兑油。开萃取塔底开工循环线，用萃取塔底抽出阀及开工循环线阀调整压油量和兑油量。开始时，脱油沥青加热炉进料量可控小些，待萃取塔界面回零后慢慢增大脱油沥青加热炉进料量；操作室盯紧加热炉背压，外操在现场配合开大副线，防止跳安全阀。

(64) 如何判断高压系统压油干净?

答：检查各罐、调节阀等低点放空情况。

(65) 停高压系统准备工作、操作方法及注意事项?

答：维持高压系统循环压油≮48 小时，并确认萃取塔、沉降塔、超临界分离器不再形成界面，检查各罐底溶剂不带油，准备停下高压系统；改通退溶剂流程，调节好高压系统压力；维持渣油循环；逐步减少萃取、超临界压差，脱沥青油加热炉缓慢降温至 200℃，熄灭加热炉瓦斯，保留长明灯；停脱沥青油溶液泵，关冲洗溶剂、预热线，关补充溶剂线。

注意事项：降低循环量时，应同时降低脱沥青油加热炉瓦斯量；机泵停运后，及时关闭冲洗溶剂阀。

(66) 高压系统蒸汽吹扫盲板什么时候可以拆?

答：高压系统压力低至 1.0MPa 时才可以拆，防止反窜。

(67) 如何判断渣油已置换干净?

答：检查脱沥青油采样口和沥青采样口基本是柴油后，为干净。

(68) 柴油循环时如何防止汽提塔底泵抽空?

答：控制温度不高于160℃。

(69) 脱沥青油、沥青换热器如何吹扫干净?

答：多次爆破吹扫。

(70) 开工低压系统收柴油建立冷循环注意事项?

答：各塔罐收柴油至液面70%；注意脱水；平衡好各塔、原料罐的液面及流量分配；低压系统柴油冷循环前，关汽提塔与溶剂罐隔断。

(71) 开工低压系统如何建立柴油热循环注意事项?

答：在建立柴油热循环前，应先投用温水系统，控制在65℃左右；加热炉点火升温，按加热炉操作法将长明灯、瓦斯火嘴逐步点燃，先以≤20℃/h的速度将炉出口温度升至105~110℃，进行恒温检查。检查各系统管线是否泄漏(特别要注意检查检修时拆装过的法兰)；经检查确认无问题后，继续以10℃/h的速度升至160℃，进行恒温脱水(注意防止原料泵抽空，以及三塔出现冲塔现象)；所有的备用泵必须预热。

(72) 开工高压系统氮气置换如何放水确认干净?

答：要注意各罐底部排水，各管线低点排水；顶放空采样分析，当各系统含氧量小于0.5%时，氮气置换完毕。

(73) 溶剂罐及高压系统收溶剂流程及操作方法?

答：改通收溶剂流程，检查其液面计、仪表及安全阀的投用情况；联系溶剂罐收溶剂，利用界控切水；收溶剂至液位70%，边收溶剂边放氮气，并保持压力在0.35MPa左右；溶剂罐液位70%时，改往萃取系统收溶剂，确认萃取塔、沉降塔收满时，停止收丁烷，维持萃取压力为1.2MPa左右；萃取系统收满溶剂后，底部切水；萃取系统收溶剂的同时，溶剂泵通过循环线试泵，试运2小时；为加快收溶剂速度，必要时可联系丁烷罐区开两台泵。

(74) 如何建立高压系统溶剂循环? 注意事项有哪些?

答：1)脱沥青油溶液泵试运正常；2)脱沥青油加热炉点火，保持萃取压力在2.0MPa左右，逐步向加热炉返量，开少许脱沥青油溶液泵出口阀，让溶剂同时进加热炉四路炉管；3)刚开始进炉的量尽量小，使其一进炉管就汽化，如果加热炉四路进料流量指示失灵，可通过炉四路出口温度来观察(刚开始向加热炉返量时，其中温度低那一路是流量小或不畅通的)；4)在向加热炉返量时，超临界分离器底脱水，待脱水到有溶剂气体排出时改走开工线，经降温后去溶剂罐；5)溶剂罐投用界控阀切水，保证界控阀不失灵，否则水会经泵打回高压系统；6)在超临界分离器开工线热起来时，关开工线阀，改开换热器组开工线阀，经泵去溶剂罐；期间进行切水；7)炉出口温度按15℃/h升温至140℃，使溶剂在炉管内大部分受热汽化，以确保超临界分离器无液面操作，如有液面则用开工线冷却后到溶剂罐；8)在赶完超临界的水和氮气后，当萃取系统、超临界系统压力一致时，建立高压系统溶剂循环。

注意事项：1)确保溶剂罐能随时收到溶剂；2)确保高压系统压力平稳可控；3)确保升温过程平稳；4)确保萃取压力高于该温度下溶剂饱和蒸气压；5)注意检查各部位有无泄漏；6)防止加热炉炉管水击。

(75) 高压系统升温升压操作方法及注意事项?

答：调整溶剂循环保持平衡；视超临界分离器无液面，加热炉出口温度稳定后，再按升温曲线图进行升温升压；在升温升压的同时，脱沥青油溶液泵的冲洗溶剂压力要及时调整，并按大于萃取系统压力 0.2～0.5MPa 控制；当全面检查确认无问题后，萃取系统才以 0.17MPa/h 的速度缓慢升压至 3.8MPa，超临界分离器相应升压至 4.7MPa，同时加热炉出口温度以 10℃/h 升温至指标范围。

注意事项：1)沉降塔顶要定期排气；2)溶剂罐要视压力情况排放氮气；3)溶剂罐要送含硫污水出装置；4)萃取系统升温过程中，要确保压力高于萃取温度下的溶剂饱和蒸气压；5)确保回溶剂罐的温度。

(76) 高压系统整定参数有哪些？

答：溶剂热循环的总流量、萃取温度、沉降温度、萃取压力、超临界压力、补充溶剂量、加热炉出口温度等。

(77) 原料泵开工初期为什么要置换里面的柴油？

答：置换时，备用泵内的柴油必须置换干净，原料泵备用泵运行 10 分钟再停泵预热备用，如不置换干净会引起原料泵抽空。

(78) 开始往萃取塔投料前，有哪些准备工作？

答：视原料渣油性质整定萃取进料温度；各点温度达到工艺卡片的操作条件，顶部和底部温差不大于 3℃；各加热炉出口温度达到操作条件；高压系统压力按工艺卡片的下限控制；各容器、塔界(液)位及其流量的引压阀给上伴热蒸汽，确保各关键参数指示准确；三塔给上汽提蒸汽。

(79) 开工后期原料泵抽空的处理方法？

答：如果原料泵抽空，则可关死预热阀，关原料罐循环阀，待压力升高后，慢开泵出口阀往炉管送油。

发生原料泵抽空，可短时间内降低萃取塔、沉降塔抽出量维持加热炉进料，关原料泵循环阀，改至污油线。

(80) 加热炉引瓦斯、点炉操作方法及注意事项？

答：引瓦斯到炉前，先从瓦斯界区阀后给蒸汽吹扫瓦斯系统和用氮气吹扫火炬线赶空气，一小时后停吹扫蒸汽，并引瓦斯至炉前放空赶空气，同时停氮气并用瓦斯置换火炬线中的氮气，直至燃料气采样分析含 $O_2 \leq 1\%$ 为止；切断去火炬线的瓦斯手阀，脱水；点瓦斯火嘴；把一、二次风门稍开一点，先点着长明灯，然后慢慢打开瓦斯阀点瓦斯火嘴，点火前后注意瓦斯调节阀的前后压力差，调节瓦斯火嘴阀开度和一、二次风门，使火焰高度、颜色达到正常。

点火注意事项：点火前不能面对火嘴，以免回火伤人；火嘴燃烧未正常，操作人员不得离开加热炉，以防熄火；一旦熄火，必须立即关死燃料气阀，向炉膛吹汽 5～10min，以免造成油气聚集，重新点火时发生爆炸事故，长明灯压力控制在 0.05～0.2MPa。

10.6　应急处理操作

(81) 停电应急处理方法？

现象：装置无声音，机泵全停；应急灯闪亮；如晚上则现场一片漆黑。

处理方法：出现紧急突发事故时，班长有权下达紧急停工指令，指挥班员处理事故，并向调度和本部有关管理人员汇报；内操按停瓦斯一键停炉，视情况保留长明灯；防串压点切断；溶剂补萃取系统切断；若高压溶剂系统压力持续高可排低压；全关汽提蒸汽塔壁阀；按停各机泵电源，关各机泵出口预热阀、封油阀；装置全面停下之后，班长指挥人员进行复产准备工作。

(82) 停循环水应急处理方法？

现象：机泵冷却水中断；水冷器冷却水中断。

处理方法：通知调度查明断水原因，要求尽快恢复供水；打开新鲜水至循环水跨线阀，引新鲜水作机泵轴承箱冷却水；关循环水进出装置界区阀；检查各机泵轴承温度确保不超温；检查调整系统不超温超压。

(83) 停 1.0MPa 蒸汽应急处理方法？

现象：蒸汽压力低报警；蒸汽流量低报警，流量指示回零。

处理方法：立即关三塔汽提蒸汽塔壁阀，暂停三塔汽提蒸汽；萃取系统降量，提高炉温及脱油沥青送焦化量，确保脱油沥青线后路畅通；联系动力调度尽快投用 1.0MPa 蒸汽；蒸汽压力稳定后，逐个恢复三塔汽提蒸汽，注意蒸汽温度≥220℃，防止蒸汽带水冲塔。

(84) 含溶剂运行泵端封大漏应急处理方法？

现象：密封压力高报警，≤0.6MPa；泵体周围呈现白雾；不寻常的异响；附近固定式硫化氢报警仪、可燃气报警仪报警。

处理方法：携带空气呼吸器，立即按停泄漏机泵，将泄漏泵体切出系统；热炉一键熄炉，不保留长明灯；全关高压瓦斯手阀、瓦斯罐后手阀；按停原料泵，关出口及预热线；停溶剂泵，关泵出口及冲洗溶剂总阀；全关溶剂进萃取系统阀门；视情况逐步停其他机泵，装置紧急停工处理。

(85) 装置人员硫化氢中毒应急处理方法？

现象：外操巡检发现便携式硫化氢报警仪突然显示报警；内操发现位于装置某区域的固定式硫化氢报警仪报警。

处理方法：若有人员中毒，第一时间救人，戴空气呼吸器转移中毒人员，并施行急救(专业救护人员未接替前决不放弃)；向公司消气防报警；通知管理人员增援，内操岗位留守维持生产，其他人员立即到外操室集合，由班长指挥开展硫化氢泄漏中毒处理，请无关人员及施工人员立即沿上风向，到紧急集合点集中(重复数遍)；组织现场与抢险无关的人员(含施工人员)撤离。

内操用调节阀远程关闭泄漏设备前后阀；外操戴好防护用品现场切断泄漏点前后手阀，切断泄漏源；若装置溶剂、油品设备硫化氢泄漏无法控制，按紧急停工处理；处理过程中要注意风向，避免在下风位作业。

(86) 仪表 DCS 失电应急处理方法？

现象：部分或全部操作站黑屏无显示。

原因：操作站故障；总控室 GPS/UPS 故障失电。

处理方法：若是部分操作站黑屏，立即联系仪表到现场恢复，同时用其他操作站控制现场参数，保持现场平稳操作；如果所有操作站全部黑屏：

① 班长立即命令各班员到现场检查关键参数，内操立即联系仪表电工到现场处理；外操一到加热炉检查炉火、瓦斯流量及压力、各关键阀门阀位；外操二到现场检查萃取、超临界压力，到泵区检查机泵电流并检查溶剂系统调节阀阀位；外操三到汽提塔检查汽提塔液位、加热炉背压及汽提塔压力。

② 各班员检查后立即向班长反馈信息，若现场阀位没有动作，暂不紧急停工，要求各班员继续监控现场工艺参数；若现场阀位已动作，现场一次表无指示，班长立即下令装置紧急停工。

③ 各班员分区域监控现场工艺参数，并及时向班长汇报情况，班长根据现场工艺参数变化情况命令班员现场用手阀调整参数。

④ DCS 操作站重启恢复后，要将所有 DCS 工艺参数与现场参数进行核对，核对无误后现场班员才能回操作室。

⑤ 若 DCS 操作站长时间(超过 30min)不能恢复，或者关键参数如萃取压力、超临界压力波动较大不能维持，可能出现高压跳安全阀、机泵抽空等次生事故时，班长立即下令按紧急停工处理。

(87) 装置原料中断应急处理方法?

现象：原料罐液位低限报警；进装置流量指示回零。

处理方法：联系调度查明原料中断原因；原料暂时无法正常供应时将装置改内循环，切断装置与外界的联系，待原料恢复正常后恢复生产；必要时用柴油冲洗有关管线。

(88) 瓦斯严重带液应急处理方法?

处理方法：通知调度查明瓦斯带液原因；外操到现场进行瓦斯罐脱液，开大烟道挡板，视情况开大风门，检查各火嘴燃烧情况；如果高压瓦斯带液严重，则汇报停用高压瓦斯，改用其他燃料维持生产；注意检查各滤网和阻火器有无堵塞。

(89) 加热炉联锁不动作应急处理方法?

处理方法：迅速到现场检查自然风门的情况，如果自然风门无法自动打开，则用手动的方式打开；立刻到现场检查确认炉顶烟道挡板已打开，否则手动打开；视情况降低处理量，并及时降低溶剂比，以降低加热炉的炉膛温度；通知调度和管理技术人员，联系仪表检查不动作仪表。

(90) 烟气环保预警应急处理方法?

应急响应处理原则：快速判断超标原因，采取针对性措施；及时汇报、采样取证、联系校表并做好相应调整；尽量避免触发短信预警，一定要避免小时均值超标。

(91) 装置跑油至明沟应急处理方法?

处理方法：截断出装置的明沟，避免污油进一步外流；处理好泄漏源头，并通知污水处理厂；停止一切动火项目；通知本部门并组织人员收油；发现污油已经从明沟流至装置外时，要立即通知污水处理厂和安环部环保科。

(92) 退溶剂线管线泄漏应急处理方法?

处理方法：

① 管线微漏时处置：若该管线正在运行，切断管线物料，暂停退溶剂送脱硫，退溶剂线泄压后进行处置。

② 管线严重泄漏时处置：若该管线正在运行，切断管线物料，切断退溶剂界区阀泄压，立即向本部门领导汇报和请示，按照突发事件应急工作联系程序，抓紧采取短信平台或电话通知的形式，发布信息，启动预案。

第 11 章　溶剂脱沥青操作工理论与实操题库

11.1　理论题库

1. 单选题

(1) 萃取塔的温度主要通过(　　)控制。C

A. 调节减压渣油温度　　B. 调节进料温度

C. 调节高压系统溶剂温度　　D. 调节副溶剂温度

(2) 沉降塔与萃取塔温差越大(　　)收率越大。B

A. 脱沥青油　　B. 胶质　　C. 沥青　　D. 半沥青

(3) 为提高胶质收率可以(　　)。C

A. 降低萃取塔温度　　B. 提高沉降塔温度

C. 降低萃取塔温度，提高沉降塔温度　　D. 加大副溶剂量

(4) 提高萃取系统进料温度，可以(　　)。A

A. 提高溶剂对脱沥青油的选择性　　B. 提高脱沥青油收率

C. 降低脱沥青油收率和选择性　　D. 脱沥青油残炭升高

(5) 沥青较硬通常伴随(　　)的现象。C

A. 脱沥青油残炭低　　B. 脱沥青油收率高

C. 脱沥青油残炭低，脱沥青油收率高　　D. 脱沥青油残炭高，脱沥青油收率低

(6) 影响萃取塔温度变化的最大因素是(　　)。D

A. 原料温度和流量变化　　B. 副溶剂温度和流量变化

C. 溶剂水冷器出口温度变化　　D. 主溶剂温度和流量变化

(7) 串级调节是由(　　)组成的一个调节系统。B

A. 两个调节阀　　B. 两个调节器控制一个调节阀

C. 两个调节器控制两个调节阀　　D. 一个调节器控制两个调节阀

(8) 萃取压力升高脱沥青油收率(　　)。A

A. 提高　　B. 降低　　C. 波动　　D. 不变

(9) 溶剂组成烯烃较多，则溶剂选择性(　　)。B

A. 提高　　B. 降低　　C. 波动　　D. 不变

(10) 在调和沥青过程中调入胶质可提高产品(　　)。C

A. 针入度　　B. 延伸度　　C. 针入度和延伸度　　D. 软化点

(11) 萃取塔副溶剂的作用是(　　)。C

A. 为了操作需要　　B. 控制液面　　C. 改善萃取效果　　D. 控制萃取温度

(12) 萃取塔温度升高，(　　)提高。B

A. 溶解度　　B. 选择性　　C. 脱沥青油收率　　D. 沥青软化点

(13) 萃取塔温度升高，(　　)下降。C

A. 油组分沉降量　B. 沥青含油量　C. 沥青软化点　D. 选择性

(14) 一般地减少溶剂比，脱沥青油收率会(　　)。B

A. 升高　B. 降低　C. 不变　D. 先升高后降低

(15) 发生混相时溶剂比可(　　)。A

A. 增大　B. 减小　C. 不变　D. 增大副溶剂量

(16) 增加副溶剂量，对(　　)有负面影响。B

A. 脱沥青油收率　B. 脱沥青油质量　C. 沥青质量　D. 萃取效果

(17) 超临界压力主要通过调节(　　)来实现。B

A. 主溶剂温度　B. 主溶剂的量　C. 副溶剂的量　D. 稀释溶剂的量

(18) 超临界状态介质的可压缩性与(　　)无关。D

A. 压力　B. 温度　C. 体积　D. 介质质量大小

(19) 溶剂组成变重，临界温度(　　)。A

A. 上升　B. 下降　C. 不变　D. 波动

(20) 溶剂组成变重，临界压力(　　)。B

A. 上升　B. 下降　C. 不变　D. 波动

(21) 调入过多渣油，会使沥青(　　)。C

A. 含蜡量减少　B. 针入度降低　C. 延伸度变大　D. 软化点提高

(22) 输送介质温度高于(　　)℃的离心泵使用前需要预热。B

A. 150　B. 200　C. 250　D. 350

(23) 封油压力应高于泵入口压力(　　)MPa。B

A. 0.01~0.015　B. 0.1~0.15　C. 1~1.5　D. 0.5~1.5

(24) 溶剂中(　　)含量上升，则溶剂临界温度、压力上升。B

A. 烷烃　B. 烯烃　C. 环烷烃　D. C_5 以上

(25) 瓦斯的高发热值一般当为(　　)kcal/m^3。B

A. 1000~1100　B. 1100~1800　C. 1800~2000　D. 2800~3000

(26) 炉膛气体采样分析，可燃气体≤(　　)方可点火。B

A. 0.02%　B. 0.2%　C. 2%　D. 5%

(27) 换热器"FB700-135-16-4Ⅱ"中"16"代表(　　)。A

A. 公称压力　B. 管径　C. 壳程壁厚　D. 管程壁厚

(28) 空冷"9Y3-3100/130-16-2"中"2"代表(　　)。B

A. 公称压力　B. 管程数　C. 材料类型　D. 管径

(29) 加热炉进料调节阀一般采用(　　)。A

A. 风开式　B. 风关式　C. 三通　D. 停风保位

(30) 加热炉燃料调节阀采用(　　)。A

A. 风开式　B. 风关式　C. 三通　D. 停风保位

(31) 电气设备着火，不能使用(　　)灭火。D

A. 四氯化碳灭火器　B. 干粉灭火器　C. 二氧化碳灭火器　D. 泡沫灭火器

(32) 关于用火作业以下说法不正确的是(　　)。D

A. 用火作业指生产区进行的所有用火过程，包括明火作业和非明火作业

B. 用火作业级别分为特类用火、一类用火、二类用火和固定用火四个等级

C. 一级以上用火有效时间不得超过 8 小时

D. 二级用火有效时间不限

(33) 转子流量计属于(　　)。A

A. 面积式　　B. 容积式　　C. 差压式　　D. 质量流量计

(34) "LRCAHL-102"中两个 L 分别代表(　　)。A

A. 液位、低报　　B. 流量、低报　　C. 温度、高报　　D. 液位、高报

(35) H_2S 在空气中最大允许浓度为(　　)。B

A. 0.1mg/L　　B. 0.01mg/L　　C. 0.001mg/L　　D. 1mg/L

(36) 电机"BJO2-42-2-ω"中"B"代表(　　)。A

A. 防爆型　　B. 避振型　　C. 遮蔽型　　D. 屏蔽型

(37) 玻板液面计是根据(　　)制成。A

A. U 形管原理　　B. 差压式原理　　C. 比重法　　D. 虹吸原理

(38) 真空度等于(　　)。B

A. 绝对压强+大气压强　　B. 大气压强-绝对压强

C. 绝对压强-大气压强　　D. 绝对压强×大气压强

(39) 当重油中混有轻组分时，油品的闪点会(　　)。B

A. 升高　　B. 降低　　C. 不变　　D. 无法确定

(40) 下列物质中，自燃点最低的是(　　)。D

A. 汽油　　B. 柴油　　C. 蜡油　　D. 渣油

(41) 在常压下，某油品 50℃时的饱和蒸气压为 A，80℃时的饱和蒸气压为 B，则(　　)。C

A. A=B　　B. A>B　　C. A<B　　D. 无法确定

(42) 加热炉烘炉的目的是(　　)。D

A. 检查加热炉的强度　　B. 检查、校核加热炉的负荷

C. 考察火嘴的使用效果　　D. 充分烧结炉墙

(43) 溶剂中的硫化氢来自(　　)中的硫化合物的分解和化合。D

A. 溶剂罐　　B. 瓦斯　　C. 缓蚀剂　　D. 减压渣油

(44) 原料预稀释降低了原料进萃取塔的温度，并且降低了减压渣油的黏度，使减压渣油在萃取塔内与溶剂更充分接触，从而(　　)。A

A. 提高萃取效率　　B. 降低萃取温度

C. 降低萃取压力　　D. 降低萃取塔顶温度

(45) 溶剂脱沥青生产中，萃取塔界面高是由于(　　)。A

A. 萃取塔底抽出量过小　　B. 萃取进料量小

C. 副溶剂流量大　　D. 主溶剂流量小

(46) 阻火器的阻火机理是火焰通过狭小孔隙时(　　)，使燃烧中断。D

A. 燃烧不能通过　　B. 燃料迅速烧尽

C. 空气不足　　D. 散热损失突然增大

(47) 不能通过(　　)，提高加热炉热效率。A

A. 调节加热炉进料流量　　B. 调节好燃料油的油气比

C. 调节好风门的开度　　D. 控制适宜的炉膛负压

(48) 通过(　　)方法可以提高加热炉的热效率。A

A. 降低排烟温度　　B. 提高排烟温度
C. 提高瓦斯压力　　D. 调节加热炉进料流量

(49) 装置停工吹扫并联管线必须(　　)。A
A. 同时给蒸汽　　B. 等主体设备吹完
C. 集中防空　　D. 逐条吹扫

(50) 在用气体对压力容器进行试压时，对密封点的泄漏检查应使用(　　)。B
A. 清水　　B. 肥皂水　　C. 润滑油　　D. 润滑脂

(51) 离心泵经大修后应达到(　　)。D
A. 提高流量　　B. 提高效率
C. 提高压头　　D. 各静密封点无泄漏

(52) 安全阀铅封的作用是(　　)。A
A. 防止人为对起跳压力调整　　B. 检定的标记
C. 防止误关安全阀手阀　　D. 防止安全阀泄漏

(53) 在正常生产中 DCS 死机或黑屏时应迅速(　　)。B
A. 拔开电源　　B. 联系仪表人员检查处理
C. 自行启动　　D. 等待

(54) 下列主要是以辐射传热方式进行热量交换的设备是(　　)。D
A. 浮头式换热器　　B. 空冷器　　C. 列管式换热器　　D. 加热炉

(55) 装置开工收溶剂过程中发生溶剂罐泄漏应(　　)。C
A. 将收入的溶剂立即放空　　B. 将收入的溶剂立即放火炬
C. 立即停止收溶剂　　D. 继续收溶剂

(56) 装置开工收溶剂不得直接向(　　)装入液体溶剂。C
A. 高压系统　　B. 溶剂罐　　C. 事故罐　　D. 萃取塔

(57) 胶质沉降塔的作用是将(　　)进一步分离。B
A. 沥青质溶液和脱沥青油溶液　　B. 胶质溶液和脱沥青油溶液
C. 沥青质溶液和胶质溶液　　D. 萃取液和沥青质溶液

(58) 汽提回收过程中通入一定量的(　　)降低溶剂分压。A
A. 汽提蒸汽　　B. 氮气　　C. 氢气　　D. 不凝气

(59) 沥青质汽提塔中通入一定蒸汽的目的是(　　)。A
A. 降低溶剂分压　　B. 改变溶剂性质　　C. 提高产品收率　　D. 提高温度

(60) 生产中，根据溶剂在超临界状态下对油品(　　)的特点，实现溶剂回收。C
A. 比重差异　　B. 溶解　　C. 不溶解　　D. 混合

(61) 溶剂脱沥青生产中，溶剂组成中 C_5 含量增多会造成脱沥青油(　　)。B
A. 颜色变浅　　B. 残炭大　　C. 黏度小　　D. 收率低

(62) 萃取塔底部的少量轻组分可通过(　　)深拔出来。B
A. 主溶剂　　B. 副溶剂　　C. 稀释溶剂　　D. 循环胶质

(63) PID 中积分作用不能单独使用，必须与(　　)同时使用。A
A. 比例作用　　B. 微分作用　　C. 积分时间　　D. 微分时间

(64) 当需要较高的扬程时，一台离心泵满足不了，可采用(　　)。D
A. 对离心泵叶轮进行切削　　B. 开大泵出口阀

C. 两台离心泵并联　　D. 两台离心泵串联

(65) 加热炉对流室采用钉头管可以(　　)。C

A. 提高过剩空气系数　　B. 降低过剩空气系数

C. 提高对流管的换热效果　　D. 提高烟气温度

(66) 在生产中发生加热炉回火时，应(　　)。C

A. 停进料　　B. 灭火嘴

C. 迅速打开烟道挡板　　D. 迅速关闭烟道挡板

(67) 硫化氢的密度比空气(　　)。A

A. 稍重　　B. 稍轻　　C. 相同　　D. 不能确定

(68) 硫化氢是一种有毒的气体，生产现场每立方米空气中不得超过(　　)mg。A

A. 10　　B. 20　　C. 1　　D. 5

(69) 石油中重质馏分、胶质和沥青质含量多，则石油的相对密度(　　)。A

A. 大　　B. 小　　C. 无法判定　　D. 不变

(70) 液体(　　)状态不会产生静电。A

A. 静止　　B. 被搅拌　　C. 流动　　D. 沉降

(71) 爆炸极限通常用可燃气体在(　　)中的体积分数表示。B

A. 氧气　　B. 空气　　C. 氮气　　D. 二氧化碳

(72) 溶剂丁烷中 C_5 含量高则丁烷的(　　)。A

A. 选择性差　　B. 选择性好　　C. 溶解能力差　　D. 纯度高

(73) 临界回收是根据丁烷在(　　)时对烃类完全不溶的特点达到回收的目的。B

A. 高温高压　　B. 临界状态　　C. 低温低压　　D. 高速运动

(74) 汽提回收是(　　)使丁烷汽化实现分离的。C

A. 加热汽化　　B. 临界温度和临界压力

C. 通过降低丁烷气的分压　　D. 沸点差

(75) 以下不属于一次仪表的是(　　)。A

A. 操作室内的显示仪表　　B. 就地压力测量仪表

C. 就地液位测量仪表　　D. 就地显示仪表

(76) 压力容器的外部检查周期为(　　)。B

A. 每年至少 2 次　　B. 每年至少 1 次　　C. 每年至少 3 次　　D. 每年至少 5 次

(77) 换热器完好的标准有设备基础坚固、固定螺栓无松动、(　　)、技术资料齐全。C

A. 传热系数大　　B. 传热量大

C. 各密封面密封良好无泄漏　　D. 管束、壳体都是新的

(78) 正常生产中，溶剂脱沥青的产品质量是由(　　)的操作条件决定的。B

A. 汽提系统　　B. 萃取系统　　C. 超临界系统　　D. 加热炉系统

(79) 重油泵检修前进行吹扫时应(　　)以提高吹扫效果。A

A. 经常盘车　　B. 开大冷却水　　C. 稍开出口阀　　D. 关冷却水

(80) 装置照明熄灭，装置内电机运行声音消失时，可能发生(　　)事故。A

A. 停电　　B. 停风　　C. 停水　　D. 停汽

(81) 处理量不变，渣油性质变轻时(　　)。A

A. 原料泵电流下降　　B. 萃取塔底抽出增加

C. 脱油沥青加热炉负荷上升　　D. 无任何变化

(82) 如果要提高胶质收率，以下说法正确的是(　　)。A

A. 加大萃取与沉降温差　　B. 减小萃取与沉降温差

C. 提高沉降塔界面　　D. 提高萃取温度

(83) 塔的破沫网一般安装在塔的(　　)。A

A. 顶部　　B. 底部　　C. 中部　　D. 入口

(84) 当渣油变轻时，为稳定沥青质量，应当(　　)。A

A. 增大沥青质的量　　B. 增大胶质量

C. 增大调和渣油量　　D. 提高沥青出装置温度

(85) 为防止汽提塔底携带硫化氢至罐区，以下说法不正确的是(　　)。D

A. 提高炉出口温度　　B. 加大汽提蒸汽量

C. 提高汽提塔液面　　D. 提高沥青出装置温度

(86) 连接电机轴和泵轴之间的设备最常用的是(　　)。C

A. 链条　　B. 轴承　　C. 联轴器　　D. 皮带

(87) 溶剂脱沥青装置常用的压力容器，可以不设的安全附件是(　　)。C

A. 安全阀　　B. 压力表　　C. 安全液封　　D. 液面计

(88) 生产中，为了了解液位是否在规定的范围内，压力容器需要安装(　　)。B

A. 压力表　　B. 液面计　　C. 安全阀　　D. 流量计

(89) 机泵轴承箱中需用冷却水冷却的原因是(　　)。C

A. 防止抽空　　B. 减少振动

C. 带走轴承运转时产生的热量　　D. 提高泵效率

(90) 溶剂脱沥青生产中萃取过程是一种(　　)过程。A

A. 物理分离　　B. 化学分离　　C. 机械分离　　D. 沉降分离

(91) 溶剂脱沥青是利用减压渣油中各组分在溶剂中的(　　)不同，使减压渣油中不同组分分离的。A

A. 溶解度　　B. 沸点　　C. 分子量　　D. 原子量

(92) 胶质沉降塔控制一定的界面目的是(　　)。B

A. 增加油品的反应时间　　B. 保证油品的沉降分离时间

C. 增加油品的萃取时间　　D. 控制沉降塔温度

(93) 溶剂脱沥青生产中临界溶剂回收是根据丁烷在(　　)下，失去对任何物质的溶解性。C

A. 高温　　B. 高压　　C. 临界状态　　D. 低温

(94) 溶剂组成中 C_3 含量增多，溶剂罐(　　)。D

A. 液面高　　B. 温度高　　C. 压力降低　　D. 压力升高

(95) 液化气主要含(　　)组分。B

A. $C_1 \sim C_2$　　B. $C_3 \sim C_4$　　C. $C_5 \sim C_6$　　D. $C_7 \sim C_9$

(96) 瓦斯管线用蒸汽吹扫(　　)以上，气体分析合格，加好盲板才能动火。B

A. 8 小时　　B. 24 小时　　C. 36 小时　　D. 48 小时

(97) 仪表或电气设备着火时最适宜采用(　　)灭火。C

A. 泡沫灭火器　　B. 干粉灭火器　　C. 二氧化碳灭火器　　D. 蒸汽

(98) 下列措施不能提高加热炉效率的是(　　)。B

A. 采用高效燃烧器　　B. 使用高发热值的燃料

C. 控制过剩空气系数　　D. 回收热量

(99) 换热器投用时(　　)。B

A. 先引进热流后引进冷流　　B. 先引进冷流后引进热流

C. 必须同时引进冷热流　　D. 先引进冷流或热流都可以

(100) 对流室采用钉头管，可以提高(　　)。B

A. 烟气温度　　B. 烟气对炉管的膜传热系数

C. 传热面积　　D. 烟气中 CO_2 含量

(101) 在某一温度下，一种物质的液相与其上方的气相呈平衡状态时的压力是(　　)。A

A. 饱和蒸气压　　B. 液压　　C. 大气压　　D. 分压

(102) 炼厂中使用得最普遍的换热器是(　　)。A

A. 管壳式换热器　　B. 套管式换热器　　C. 蛇管式换热器　　D. 翅管式换热器

(103) 在 PID 调节中，比例作用是依据(　　)来动作的，在系统中起着稳定被调参数的作用。A

A. 偏差的大小　　B. 偏差变化速度　　C. 余差　　D. 余差变化速度

(104) 溶脱加热炉炉膛温度不应高于(　　)。B

A. 600℃　　B. 700℃　　C. 800℃　　D. 850℃

2. 多选题

(1) 装置开工前必须对仪表及控制系统进行检查，检查内容有(　　)。ABC

A. 现场各测量点状况　　B. 调节器及现场调节阀动作一致性情况

C. 各种报警器试验　　D. 机泵电流情况

(2) 确定装置开工溶剂的一次收入量不必考虑(　　)。BD

A. 高压系统的容积　　B. 柴油罐的容积

C. 溶剂罐的容积　　D. 汽提塔的容积

(3) 原料预稀释降低了减压渣油进入萃取塔的(　　)。BC

A. 流量　　B. 温度　　C. 黏度　　D. 压力

(4) 影响萃取塔界面的因素有(　　)。ABC

A. 原料性质　　B. 萃取塔底抽出流量

C. 副溶剂流量　　D. 加热炉出口温度

(5) 装置停工退溶剂时应(　　)。BD

A. 加快速度　　B. 做好联系工作

C. 提高温度　　D. 控制好一定的速度

(6) 溶剂中 C_3 含量多则(　　)。AB

A. 脱沥青油收率降低　　B. 溶剂消耗增大　　C. 萃取混相　　D. 溶剂消耗减小

(7) 溶剂脱沥青生产中，溶剂中 C_5 含量多则(　　)。AB

A. 脱沥青油残炭大　　B. 脱沥青油黏度大

C. 溶剂消耗大　　D. 萃取效果差

(8) 关于取压点，说法正确的是(　　)。BCD

A. 为避免引压管堵塞，取压点要求在垂直管道上

B. 测量液体压力时，取压点应在管道下部，使引压管内不积存气体

C. 测量气体压力时，取压点应在管道上部，使引压管内不积存液体

D. 取压点不能处于流速紊乱的地方

(9) 关于串级控制系统，说法正确的是(　　)。ABD

A. 由主副两个调节器串接工作

B. 主调节器的输出作为副调节器的给定值

C. 目的是实现对副变量的定值控制

D. 副调节器的输出去操纵调节阀

(10) 压力容器按工艺作用可分为(　　)。ABCD

A. 分离容器　　B. 换热容器　　C. 反应容器　　D. 储运容器

(11) 在生产过程中，加热炉剩氧含量是通过调节(　　)。AB

A. 烟道挡板开度　　B. 风门开度　　C. 雾化蒸汽　　D. 热风温度

(12) 常见仪表控制回路有(　　)。ABCD

A. 温度控制回路　　B. 压力控制回路

C. 流量控制回路　　D. 液位(界位)控制回路

(13) 在生产过程中，溶剂罐中硫化氢含量高，不应(　　)。AD

A. 放大气　　B. 放至焦化系统　　C. 退至脱硫　　D. 留在系统中

(14) 影响萃取塔界面的主要因素有(　　)。ABCD

A. 萃取温度变化　　B. 原料性质变化

C. 进料量变化　　D. 副溶剂流量温度变化

(15) 爆炸分为(　　)三种方式。ABD

A. 物理爆炸　　B. 化学爆炸　　C. 气体爆炸　　D. 核爆炸

(16) 影响超临界分离器压力的主要因素有(　　)。ABCD

A. 萃取压力变化　　B. 超临界分离器进料量变化

C. 脱沥青油加热炉出口温度变化　　D. 超临界分离器底抽出量变化

(17) 超临界分离器进料温度控制原则是(　　)。ABD

A. 采用较轻的溶剂，需要降低超临界回收温度

B. 采用较重的溶剂，需要提高超临界回收温度

C. 采用较重的溶剂，需要降低超临界回收温度

D. 溶剂中烯烃含量多时，需要提高超临界回收温度

(18) 影响汽提塔液面的主要因素有(　　)。ABCD

A. 进料量变化　　B. 汽提塔和溶剂罐压力变化

C. 进料温度及进料含溶剂量变化　　D. 机泵故障或后路堵塞

(19) 影响汽提塔压力的因素有(　　)。ABCD

A. 进料量变化大　　B. 进料含溶剂量变化大

C. 机泵故障抽空　　D. 溶剂罐不凝气多

(20) 汽提蒸汽的控制原则是(　　)。ABCD

A. 根据进料量与汽提蒸汽关系对照表调节汽提蒸汽用量

B. 进料中溶剂含量大时，应加大汽提蒸汽量
C. 溶剂组成变重时，适当加大汽提蒸汽量
D. 确保蒸汽压力高于塔压
(21) 以下可以提高加热炉热效率的措施是(　　)。ABC
A. 适当降低排烟温度　　B. 减少炉壁散热损失
C. 适当降低剩氧含量　　D. 降低炉出口温度
(22) 影响溶剂罐压力变化的主要因素有(　　)。ABCD
A. 低压换热器冷后温度　　B. 汽提塔负荷变化
C. 溶剂罐不凝气　　D. 环境气温变化
(23) 影响炉出口温度变化的主要因素有(　　)。ABCD
A. 瓦斯压力变化　　B. 瓦斯组成变化　　C. 炉进料量变化　　D. 仪表失灵
(24) 加热炉火嘴燃烧不完全的原因有(　　)。ABCD
A. 风门开度过小　　B. 瓦斯带液
C. 瓦斯组成变重　　D. 烟道挡板调节不当
(25) 加热炉炉膛正压的原因有(　　)。ABCD
A. 烟道挡板开度过小　　B. 瓦斯量瞬间变大
C. 加热炉超负荷运行　　D. 炉膛发生爆燃
(26) 加热炉瓦斯带油的现象有(　　)。ACD
A. 炉温突然升高　　B. 剩氧高报警
C. 严重时烟囱冒黑烟　　D. 长明灯压力低报警
(27) 加热炉鼓风机发生自停时，联锁动作(　　)。ACD
A. 引风机停　　B. 引风机不停
C. 旁路烟道挡板打开　　D. 炉底快开风门打开
(28) 加热炉引风机发生自停时，联锁动作(　　)。BC
A. 鼓风机停　　B. 鼓风机不停
C. 旁路烟道挡板打开　　D. 炉底快开风门打开
(29) 装置发生着火爆炸事故的应急处理原则是(　　)。ABC
A. 若发生人员受伤第一时间救人　　B. 熄灭火源切断泄漏源
C. 若无法控制按紧急停工处理　　D. 坚持在线处理不停工
(30) 溶剂外操室 DCS 控制柜失电的现象有(　　)。BD
A. DCS 显示器黑屏
B. DCS 面板显示红底@@@
C. 现场一次表仍有指示，调节阀维持一定阀位
D. 现场一次表无指示，调节阀位全开或全关
(31) 总控室 DCS 失电的现象有(　　)。AC
A. DCS 显示器黑屏
B. DCS 面板显示红底@@@
C. 现场一次表仍有指示，调节阀维持一定阀位
D. 现场一次表无指示，调节阀位全开或全关
(32) 装置原料中断时应该(　　)。ABD

A. 尽快联系恢复渣油供应　　B. 降量维持原料罐液位
C. 装置紧急停工　　D. 不能恢复则装置改内循环

(33) 装置大幅降量时，操作调整需注意的是(　　)。ABC

A. 避免加热炉进料低于最小流量　　B. 避免半沥青管线堵塞
C. 联系渣油罐区注意憋压　　D. 萃取塔进料流量一步降量到位

(34) 汽提塔发生冲塔的原因有(　　)。ABCD

A. 塔压波动大　　B. 蒸汽带水或压力波动
C. 塔底泵抽空　　D. 塔液位指示失灵

(35) 本装置工艺可选的溶剂可以是(　　)。BD

A. 丙烷　　B. 丁烷　　C. 酮苯　　D. 戊烷

(36) 在生产过程中影响加热炉热效率的主要因素有(　　)。ABD

A. 排烟温度　　B. 剩氧含量　　C. 燃料气压力　　D. 炉壁散热损失

(37) 减压渣油是原油经过蒸馏后的产物，所以(　　)。AC

A. 减压渣油黏度大于原油　　B. 减压渣油密度小于原油
C. 减压渣油密度大于柴油　　D. 减压渣油密度小于柴油

(38) 离心泵开泵前准备工作正确的是(　　)。ABD

A. 盘车 2~3 圈　　B. 打开冷却水并观察是否畅通
C. 轴承箱加满润滑油　　D. 热油泵启动前要预热

(39) 液体(　　)状态会产生静电。BCD

A. 静止　　B. 被搅拌　　C. 流动　　D. 沉降

(40) 溶剂丁烷中 C_5 含量高则丁烷的(　　)。AC

A. 选择性差　　B. 选择性好　　C. 溶解能力强　　D. 纯度高

(41) 以下属于一次仪表的是(　　)。BCD

A. 操作室内的显示仪表　　B. 就地压力测量仪表
C. 就地液位测量仪表　　D. 就地显示仪表

(42) 生产中通过控制延伸度对沥青质量进行控制，延伸度大则沥青(　　)。BD

A. 质量差　　B. 质量好　　C. 拉伸性能差　　D. 拉伸性能好

(43) 为提高加热炉热效率，可以(　　)。BCD

A. 调节加热炉进料流量　　B. 调节好燃料油的油气比
C. 调节好风门的开度　　D. 控制适宜的炉膛负压

(44) 在正常生产中 DCS 死机或黑屏时应迅速(　　)。BCD

A. 拔开电源
B. 联系仪表人员检查处理
C. 到现场检查一次表指示及调节阀开度
D. 若现场调节阀动作立即按紧急停工处理

(45) 处理量不变，渣油性质变轻时(　　)。AB

A. 原料泵电流下降　　B. 萃取塔底抽出减少
C. 脱油沥青加热炉负荷上升　　D. 无任何变化

(46) 如果要提高胶质收率，以下说法不正确的是(　　)。BCD

A. 加大萃取与沉降温差　　B. 减小萃取与沉降温差
C. 提高沉降塔界面　　D. 提高萃取温度

(47) 为防止汽提塔底携带硫化氢至罐区，以下说法正确的是(　　)。ABC

A. 提高炉出口温度　　B. 加大汽提蒸汽量

C. 提高汽提塔液面　　D. 提高沥青出装置温度

(48) 溶剂脱沥青生产中，溶剂组成中 C_5 含量增多会造成脱沥青油(　　)。ABD

A. 颜色变深　　B. 残炭增大　　C. 黏度小　　D. 收率增加

(49) 下列措施可以提高加热炉效率的是(　　)。ACD

A. 采用高效燃烧器　　B. 使用高发热值的燃料

C. 控制过剩空气系数　　D. 回收烟气余热

(50) 溶剂中 C_3 含量多则(　　)。AB

A. 脱沥青油收率降低　　B. 溶剂消耗增大

C. 萃取混相　　D. 溶剂消耗减小

(51) 压力容器按工艺作用可分为(　　)。ABCD

A. 分离容器　　B. 换热容器　　C. 反应容器　　D. 储运容器

(52) 正丁烷的临界参数正确的是(　　)。AD

A. 临界压力 3.747MPa　　B. 临界压力 3.6MPa

C. 临界温度 134.97℃　　D. 临界温度 152.01℃

(53) 硫化氢中毒的现场急救原则是(　　)。ABD

A. 立即将病人移离中毒现场至空气新鲜处

B. 发生窒息而心跳停止者立即施以胸肺复苏术

C. 就地实施急救

D. 待呼吸恢复时给以吸氧，并及时送医

(54) 生产工艺过程中所产生静电的最大危险是引起爆炸。因此，在爆炸危险环境必须采取严密的防静电措施。下列各项措施中，属于防静电措施的有(　　)。CD

A. 安装短路保护和过载保护装置

B. 将作业现场所有不带电的金属连成整体并接地

C. 增加作业环境的相对湿度

D. 安装不同类型的静电消除器

(55) 以下属于防爆泄压装置的是(　　)。ABD

A. 安全阀　　B. 爆破片　　C. 阻火器　　D. 防爆门

(56) 雷电的特点有(　　)。ACD

A. 电流幅值大　　B. 电流辐射强　　C. 冲击过电压高　　D. 电流陡度大

(57) 静电是引起火灾爆炸的原因之一，消除静电的措施包括(　　)。ACD

A. 增加环境湿度　　B. 提高易燃液体输送的流速

C. 安装防静电接地装置　　D. 在绝缘材料中增加抗静电添加剂

(58) 在工业生产过程中，存在着多种引起火灾和爆炸的因素。因此，在易发生火灾和爆炸的危险区域进行动火作业前，必须采取的安全措施有(　　)。ABCD

A. 严格执行动火工作票制度

B. 动火现场配备必要的消防器材

C. 对附近可能积存可燃气的管沟进行妥善处理

D. 将现场可燃物品清理干净

3. 判断题

(1) 超临界回收就是将脱沥青油的溶剂溶液加热到溶剂的超临界状态，回收大部分溶剂的。(　　) √

(2) 汽提回收就是通过吹入蒸汽来降低溶剂在汽提塔的分压，而达到回收溶剂的目的。(　　) √

(3) 原料温度高有利于本装置的节能，但原料温度过高会导致萃取塔进料温度难以控制。(　　) √

(4) 油品黏度大，在炉管内流速太小，使传热效果变差，同时由于油品在管内停留时间长，容易造成结焦。(　　) √

(5) 换热器有问题要切换交出检修，首先将热油走副线，关闭换热器的热油进出口阀，再将冷油改走副线，然后交出检修。(　　) ×

(6) 换热器投用时，应先开冷流后开热流。(　　) √

(7) 溶剂消耗量大的原因有：冷换设备内漏；溶剂罐压力高，排放量大；炉出口温度控制不适当，溶剂被产品带走多。(　　) √

(8) 溶剂分离器顶带油是由于进料温度控制太低，界面控制过高而造成的。(　　) ×

(9) 影响萃取塔进料温度的主要因素是主溶剂温度变化。(　　) √

(10) 溶剂分离器顶有一层破沫网，其作用是使气态超临界溶剂中夹带的脱沥青油凝聚下来，以免高压空冷堵塞。(　　) √

(11) 安全阀的作用是当工作压力超过规定数值时，能自动打开，以保证设备及管线安全。(　　) √

(12) 汽提蒸汽量越大越好，因为这样回收的溶剂量越多。(　　) ×

(13) 溶剂比过大，会增加操作费用。(　　) √

(14) 泵出口流量越大，泵效率越高。(　　) ×

(15) 由于气蚀现象的存在，离心泵启动前应灌泵。(　　) ×

(16) 油品越重，其自燃点越高。(　　) ×

(17) “严禁用汽油和溶剂擦洗各种设备、衣物及地面”不属于防火防爆十大禁令。(　　) ×

(18) 单位重量的纯物质在相变过程中吸收或放出的热量叫显热。(　　) ×

(19) 不同物质在一定压力、温度下，其挥发能力是不同的。(　　) √

(20) 油品的挥发性能是不受压力影响的。(　　) ×

(21) 软化水和除氧水都可进蒸汽发生器产生蒸汽。(　　) ×

(22) 气体所处的温度高于该压力下饱和蒸气压温度，则该气体叫过热气体。(　　) √

(23) 丁烷的分子式是“C_4H_8”。(　　) ×

(24) 戊烷的分子式是“C_5H_{12}”。(　　) √

(25) 溶剂组成变轻，选择性提高，溶解能力上升。(　　) ×

(26) 萃取塔界面高，接触时间长，脱沥青油收率提高。(　　) √

(27) 溶剂组成变重时，应增大溶剂比。(　　) ×

(28) 溶剂组成变重和烯烃含量高时应提高萃取温度。(　　) √

(29) 汽提塔温度过高，溶剂蒸发不充分，易造成泵抽空。(　　) ×

(30) 燃料燃烧时，所需实际空气量与理论空气量之比即过剩空气系数。(　　) √

(31) 加热炉的负压是由鼓风机产生的。(　　) ×

(32) 开工时换热器投用要先开冷流后开热流，停工时则相反。(　　)√

(33) 缩小管径，有利于提高流速。(　　)√

(34) 列管式换热器属于混合式换热器的一种。(　　)×

(35) 离心泵的扬程是指泵对单位重量的液体所提供的有效功率。(　　)√

(36) 调节阀副线阀一般使用截止阀。(　　)√

(37) 沉降温度对产品质量没有影响。(　　)×

(38) 溶剂组成变轻，应提高超临界分离器的操作压力。(　　)√

(39) 汽提塔通入的蒸汽主要是用来降低溶剂气相分压的。(　　)√

(40) 当蒸汽压力突然下降时，应开大汽提蒸汽，保证汽提塔的蒸汽量。(　　)×

(41) 封油起到密封、润滑、冷却的作用。(　　)√

(42) 疏水器可以排除蒸汽内的水分，起到节能的效果。(　　)√

(43) 原油中的非烃化合物主要包括含 S、O、N 化合物及胶质、沥青状物质。(　　)√

(44) 容积式泵流量调节时可用出口调节阀调节。(　　)×

(45) 刻度为 1.0MPa 的普通压力表，限定在操作压力为≤1.0MPa 的系统内使用，以防压力表超压损坏。(　　)×

(46) 温水系统的温水温度越低脱沥青油的冷却效果越好。(　　)×

(47) 溶脱装置设计上可采用丙烷、丁烷、戊烷作为溶剂进行生产。(　　)√

(48) 温水系统采用除氧水作为冷却介质。(　　)×

(49) 沥青质量中延伸度指标主要是由萃取温度及调和比决定的。(　　)×

(50) 道路沥青的分类标准是按针入度大小来划分的。(　　)√

(51) 加热炉烟气含量越低炉热效率越高。(　　)×

(52) 加热炉排烟温度越低越好。(　　)×

(53) 根据相似相溶原理，分子结构越相近的油品越容易互溶。(　　)√

(54) 烟道挡板的作用主要是用来调节烟气剩氧的。(　　)×

(55) 充足的空气对充分燃烧有利，所以过剩空气系数越大越好。(　　)×

(56) 装置收率不正常，物料表出现故障等情况应立即检定。(　　)√

(57) 调节阀工作在小开度有利于延长使用寿命。(　　)×

(58) 溶剂组成中 C_5 含量增多，溶剂选择性差，溶解度小。(　　)×

(59) 溶剂组成中 C_3 含量增多，溶剂罐的压力会降低。(　　)×

(60) 溶剂脱沥青装置萃取塔可分为萃取段和沉降段。(　　)√

(61) 溶剂脱沥青生产中溶剂温度过高，萃取塔温度会升高。(　　)√

(62) 生产中 C_3 含量大，会使脱沥青油收率上升。(　　)×

(63) 加热炉排烟温度低，热效率低。(　　)×

(64) 比例调节系统可以消除测量长时间出现的余差。(　　)×

(65) 盲板的作用是有效隔离物料。(　　)√

(66) 原料中沥青质含量增加时，应提高溶剂比。(　　)×

(67) 萃取混相的结果是脱沥青油残炭上升。(　　)√

(68) 生产中加热炉发生回火时，为保证炉出口温度，应立即重新点火。(　　)×

(69) 对于管线、机泵等产生的静电，可通过安装防静电接地装置加以消除。(　　)√

(70) 炼厂中，热量传递主要采用辐射传热的设备有加热炉和锅炉。(　　)√

(71) 正常生产中，加热炉炉膛应是负压。(　　)√

(72) 停工过程中，加热炉可以迅速降温。(　　)×

(73) 当原料渣油黏度增大时，可通过适当提高渣油入口温度来保持泵出口流量不下降。(　　)√

(74) 炉管烧穿时炉膛温度会急剧下降。(　　)×

(75) 发生电器着火，最好使用蒸汽将火扑灭。(　　)×

(76) 1 大气压=760mm 汞柱=10.33m 水柱。(　　)√

(77) 热负荷是单位时间内两流体间传递的热量。(　　)√

(78) 调节器的微分时间 T_d 越大，微分作用越强。(　　)√

(79) 仅由碳和氢两种元素组成的化合物称为烃。(　　)√

(80) 加热炉火嘴燃烧要求是多火嘴、齐火苗、短火焰。(　　)√

(81) 瓦斯管线引瓦斯时要求管线氧气含量不超过 1%，加热炉炉膛点火时炉膛可燃气含量不超过 2%。(　　)×

(82) 沉降温度高，脱沥青油质量提高，收率下降。(　　)√

(83) 加热炉的负压是由鼓风机产生的。(　　)×

(84) 液体罐装过程会产生静电，对罐装可燃气体必须采取有效的防静电积聚措施。(　　)√

(85) 溶剂脱沥青生产中，原料预稀释的作用是降低原料的黏度。(　　)√

(86) 在燃烧条件不变的情况下，加热炉烟道挡板开大，加热炉烟气氧含量无变化。(　　)×

(87) 压力管道通常分为 GC1、GC2、GC3 级。(　　)√

(88) 溶剂脱沥青装置高压系统跳安全阀时应立即关闭安全阀下游阀。(　　)×

(89) 停工过程中沥青系统柴油循环时必须保证一定的循环温度。(　　)√

(90) 几台离心泵并联后流量为几台离心泵流量之和。(　　)√

(91) 装置开工投料前，溶剂大循环升温升压必须达到指标要求。(　　)√

4. 简答题

(1) 说明 Z41Y-4.0 型号的意义？

答：Z—闸板式；4—法兰连接；1—明杆楔式单闸板；Y—密封圈硬质合金；4.0—公称压力，MPa。

(2) 调节器 PID 参数整定的基本方法是什么？

答：(1)先比例，再积分，最后微分；(2)曲线振荡大，比例要放大；(3)偏离给定恢复慢，积分时间要减小。

(3) 什么叫传热系数？

答：在温差为 1℃时单位时间内，单位面积上热载体传给冷载体的热量叫传热系数。

(4) 什么叫塔板效率？

答：理想塔板数与实际塔板数之比称为塔板效率。

(5) 加热炉 CO 含量超标的原因？

答：1)风门开度太小剩氧不足；2)鼓风机频率过低风压不足；3)瓦斯突然变重；4)火嘴风门开度不均抢量。

（6）加热炉瓦斯火嘴结焦的原因？

答：瓦斯压力过低，瓦斯含硫过大或带油；火嘴孔距过小，火焰在火盘内回旋；风门调节不当，供风量过小或过大；烟道挡板开度过小，炉膛负压过小；燃烧器供风温度过高；燃烧器结构不合理；燃烧器安装不正确。

（7）什么叫汽化潜热？

答：常压下单位质量的物质在一定温度下由液态转化为气态，所需的热量称为汽化潜热。

（8）差压液位计的作用原理是什么？

答：基于液面在不同的高度时能形成不同的静压力差的原理。

（9）什么叫相平衡？

答：在一定压力和温度下，保持气液两相共存，此时气液两相的相对量以及组分在两相中的浓度分布都不再变化，称为相平衡。

（10）正常生产时，为什么要保证足够的风压？

答：因为风压的高低直接影响气动仪表的正常工作，风压太低，则气动仪表失灵，影响正常生产。

（11）什么叫冷却灭火法？

答：将灭火剂直接喷洒在燃烧着的物体上，使可燃物质的温度降低到燃点以下，从而使燃烧停止的灭火方法。

（12）什么叫隔离灭火法？

答：将燃烧物体与附近的可燃物隔离或疏散开，使燃烧停止的灭火方法。

（13）什么叫窒息灭火法？

答：采取阻止空气进入燃烧区的措施，或用惰性气体降低燃烧区氧的含量，使燃烧物质缺乏或断氧气而熄灭的灭火方法。

（14）什么叫设备事故？

答：由于各种原因构成机械、动力、电信、仪器、容器、运输设备及管道、建筑物、构筑物等损坏的事故。

（15）为什么瓦斯燃烧没有冒黑烟，而瓦斯带油燃烧出现冒黑烟？

答：冒黑烟是燃烧过程缺氧、燃料燃烧不完全所致。当烧瓦斯时，配风刚好满足要求，就不会出现冒黑烟；油的密度比瓦斯大，单位体积内的含碳、氢量均比瓦斯高，瓦斯带油时，势必造成已调好的配风量不能满足燃烧要求，故而会出现冒黑烟。

（16）加热炉燃烧器稳燃装置有什么作用？

答：使火焰分布均匀，火苗呈旋转状态，不扑火盘壁；火苗伸展有力，不飘不散，不扑；保证火嘴喷射效果。

（17）什么叫残炭？

答：焦炭占分析用油的质量百分数叫残炭。

（18）什么叫积分调节？

答：调节器输出是对偏差的积分叫积分调节。

（19）什么叫仪表的比例积分调节？

答：当对调节质量有更高的要求时，必须在比例调节的基础上，再加上能消除余差的积分调节作用，这种由比例和积分两种作用组合而成的调节功能叫比例积分调节。

(20) 什么叫仪表的反馈调节？

答：调节作用影响被调参数，而被调参数的变化反过来又影响调节器的输入，这些调节系统叫反馈调节。

(21) 按结构划分换热器有哪几种形式？

答：管壳式，例如固定管板式、U 形管式和浮头式；板式，例如螺旋板式、平板式；板翅式；热管式；其他，例如夹套式、蛇管式和套管式。

(22) 什么叫泡点和露点？

答：在一定温度下，平衡汽化 0%点的温度称为泡点；而 100%时的温度称为露点。

(23) 什么叫萃取？

答：加入溶剂，使混合溶液分离的一种方法称为萃取。

(24) 什么叫天然气？

答：从油田或气田直接得到，主要由甲烷及其低分子的同系物组成的气体称为天然气。

(25) 什么叫炼厂气？

答：在石油加工过程中产生，除含烷烃外，还含烯烃(铂重整气除外)和 H_2 的气体称为炼厂气。

(26) 为什么一般情况下，气动仪表必须使用净化风？

答：因为气动仪表是比较精密的仪器，各通气孔道非常细微，使用净化风主要是为了防止仪表元件被堵塞。如果使用非净化风，则容易堵塞仪表内的孔道造成仪表失灵。

(27) 什么叫油品的浊点？

答：油品在试验条件下，因为开始出现烃类的微晶粒，而使油品呈现混浊时的最高温度叫该油品的浊点。

(28) 什么叫结晶点？

答：在测定浊点后，继续冷却试验油，直到油中呈现出肉眼能看得见的晶体，此时的温度就称为结晶点。

(29) 什么叫熔点？

答：石油产品由液态转变为固态或由固态转变为液态时的温度叫熔点。

(30) 哪些油品称为发动机燃料？

答：石油产品中的汽油、喷气燃料、柴油和重油等用于内燃机的燃料统称为发动机燃料。

(31) 椭圆齿轮流量计的工作原理是什么？

答：当被测流体流经椭圆齿轮流量计时，就会带动椭圆齿轮旋转，而椭圆齿轮每旋转一周就有一定数量的流体流过仪表，因此，用传动及累积机构记录下的椭圆齿轮的转数，就可知道被测流体流过的总流量。

(32) 楔式流量计的工作原理是什么？

答：流体通过楔形流量计时，由于楔块的节流作用，在其上、下游侧产生了一个与流量值成平方关系的差压，将此差压从楔块两侧取压口引出，送至差压变送器转变为电信号输出，再经专用智能流量计算仪运算后，即可获得流量值。

(33) 测量蒸汽压力时，安装压力表应注意什么？

答：测量蒸汽压力时，为了防止高温蒸汽与仪表弹性元件直接接触，压力表应通过环形凝液管与被测设备相连。

(34) 测量有腐蚀性或黏性较大的介质时，安装压力表应注意什么？

答：为了防止腐蚀或堵塞弹性元件，要加隔离罐。

(35) 压力表的连接处，应如何选择密封垫片？

答：压力表的丝扣连接处，应根据被测压力及温度的高低和介质性质，选择适当的材料作密封垫片，以防泄漏。高温、高压应选用铜质垫片或专用垫片，低温、低压应选用石棉、聚四氟乙烯垫片。

(36) 什么叫流体总量？

答：流体总量是指某一段时间内通过某部位的物料质量或体积的累计值，常以公斤或立方米等单位表示。

(37) 三级过滤所用的滤网的要求是什么？

答：透平油、冷冻机油、压缩机油、机械油、车用机油所用的滤网：一级过滤为 60 目；二级过滤为 80 目；三级过滤为 100 目。汽缸油、齿轮油所用的滤网：一级为 40 目；二级为 60 目；三级为 80 目。

(38) 正常生产时为什么要保证足够的水压？

答：正常生产时，水主要用作冷却器及机泵的冷却水，取走多余的热能，如果水压太低，水量不足，则无法完成必要的热能交换，影响机泵及冷却设备的正常运行，从而影响正常生产。

(39) 什么叫基础油？

答：基础油是石油馏分或残油经过脱沥青、精制、脱蜡和补充精制后制成的润滑油基础油料。它经过调和并加入相应的添加剂，即可制成润滑油产品。

(40) 发动机润滑油主要有哪些使用性能？

答：黏度和黏温性质；抗氧化性能；清净分散性能；中和性能；抗磨性能。

(41) 机械油分为哪几类？

答：机械油分为两大类：一类是专用机械油，包括仪表油、精密仪表油、车轴油、缝纫机油和轧钢机油；另一类是通用机械油，简称机械油，主要用于润滑机床和各种机械。

(42) 如何根据机械的负荷和转速选用合适黏度的机械油？

答：根据机械的负荷和转速，高速低负荷条件下，用黏度较小的机械油，反之用黏度较大的机械油。

(43) 什么叫爆炸极限？

答：可燃气体或粉尘与空气或氧气形成的混合物遇明火发生爆炸的浓度范围。

(44) 什么叫化学爆炸？

答：由于物质发生迅速的化学反应产生高温高压而引起的爆炸。

(45) 什么叫噪声？

答：声音达到一定强度时，对人体健康产生危害，使人感到烦躁和讨厌的声波。

(46) 什么叫自然事故？

答：完全由于自然因素造成的人所不可抗拒的事故。

(47) 什么叫责任事故？

答：违反政策法令和规章制度，盲目指挥、冒险作业或严重不负责任，玩忽职守等造成的事故。

(48) 什么叫静电安全电压?

答：为了防止静电事故而采用的特定电流供电的电压系列，这个电压系列的上限值，在任何情况下，导线间或任一导线与地之间均不得超过电压(5~500Hz)有效值12V，此称为静电安全电压。

(49) 从石油中可产生哪四大类产品?

答：燃料、汽油、柴油、煤油、燃料油；润滑油及润滑油脂；蜡、沥青和石油焦；石油化工产品。

(50) 汽油的使用性能有哪些?

答：有良好的蒸发性能；抗爆性能好；抗氧化安定性能好，在运输储存中，生成的胶质倾向小；对发动机零件没有腐蚀作用。

(51) 膨胀式温度计的工作原理是什么?

答：工作原理是：物体受热后体积膨胀受热温度变化而变化。工作液体一般为水银和酒精。

(52) 黏度有几种表达形式?

答：根据表达方法不同，黏度分为动力黏度、运动黏度和恩式黏度三种。

(53) 热电偶温度计的工作原理是什么?

答：工作原理是：把热电偶的热端插入需测温的生产设备中，冷端置于生产设备的外面，如果两端所处的温度不同，则在热电偶的回路中便会产生热电势；如果冷端温度不变，则在热电偶材料已定的情况下，它的热电势只随被测温度的变化而变化。

(54) 什么叫流体的线速度?

答：流体任一质点在单位时间内沿管线轴线方向所通过的距离，称为流体的线速度。

(55) 什么叫稳定流动?

答：流体在管路中流动时，与流动有关的参数(如速度、压强)不随时间而变化，称为稳定流动。

(56) 疏水器的作用是什么?

答：当伴热管线中的蒸汽出现冷凝水时，疏水器阀会自动打开，将冷凝水排走，无冷凝水时疏水阀处于关闭状态，起到节能作用。

(57) 变送器的作用是什么?

答：将现场测定的工艺参数转换成电信号并传送到总控。

(58) 造成电机过热的主要原因有几种?

答：电机超负荷运行、长时间运行、电机内部故障。

(59) 何为泵的气缚?

答：离心泵启动时，泵体存在气体，由于气体密度小，所产生的离心力小，不足以将液体吸入泵体，此时离心泵不能输送液体，这种现象叫泵的气缚。

(60) 何为泵的气蚀?

答：液体在泵体的低压区气化成泡，在高压区被压碎，周围的液体迅速涌向原汽泡占据的空间，该处产生的高频高压现象叫气蚀，它容易侵蚀泵体使壳体减薄。

(61) 离心泵启动时应关闭出口阀的原因?

答：因为离心泵启动时泵体处于一种加速的状态，这时消耗较大的功率，如果泵的出口阀开着，电机还要对介质做功消耗功率，容易引起电机超负荷运行，烧坏电机。

（62）冷换设备的投用与停用步骤？

答：1）检查设备的温度计、压力表是否装上，放空是否关好。2）一定要先引冷流后引热流，引热流时一定要缓慢，保证安全。停用时正好相反。

（63）造成加热炉烟气剩氧含量高的主要原因是什么？

答：主要原因有：火嘴的风门开度太大，燃烧时空气过剩，造成烟气剩氧值大；对流室或看火孔密封不严，空气漏进炉膛；炉膛负压值大，空气吸入炉膛。处理办法：调整一、二次风门，降低过剩空气系数；封严对流室和看火孔的缝隙，减少空气泄漏量；调整加热炉负压。

（64）装置溶剂耗量大的主要原因是什么？

答：汽提塔汽提蒸汽量不够，导致产品带溶剂，造成溶剂损失；加热炉的出口温度太低，导致产品带溶剂，造成溶剂损失；低压溶剂冷却效果差或溶剂不凝气多，放火炬多，造成溶剂损失；各安全阀漏溶剂到低压火炬管网，造成溶剂损失。

（65）加热炉的排烟温度为什么不能太高或太低？

答：加热炉的排烟温度太高时烟气带走大量热量，导致加热炉的热效率降低；温度太低时二氧化硫与硫化氢等气体容易与水蒸气结合，形成酸性物质，腐蚀炉管。

（66）造成加热炉排烟温度高的主要原因是什么？如何处理？

答：主要原因：加热炉超负荷运行；火嘴燃烧不好，火苗太高导致排烟温度高；烟道挡板开度大，炉膛负压值大，导致排烟温度高。处理方法：降低加热炉负荷；调整加热炉火嘴火苗；关小加热炉烟道挡板，降低炉膛负压值。

（67）萃取塔内为何要有温度梯度？

答：如萃取塔内无温度梯度，则当萃取温度较高，原料组成较轻或者处理量较大时，部分脱沥青油有可能因沉降分离效果变差而被沥青相所携带，造成脱沥青油收率和沥青软化点均下降，因而萃取塔内必须有温度梯度。

（68）副溶剂的作用是什么？

答：进行二次萃取；保证萃取塔底与顶形成温度梯度；提高脱沥青油收率；提高沥青软化点。

（69）筛板塔的优缺点是什么？

答：它具有液面落差小，气体分布均匀，结构较简单，造价较低等优点。但它仍然类似泡帽塔，具有气体拐弯多，压力降大，处理能力受到限制等缺点。

（70）启动电动离心泵的步骤？

答：关闭泵出口阀，关好泵进出口连通阀，打开泵进口阀；盘车无问题后，扭动启动开关，给电启动；当泵出口压力和电机电流正常后，打开泵出口阀，并根据流量变化和需要，逐渐开大出口阀；全面检查机泵有无异常现象；启动电机时，如有异常声音和电机不转应立即切断电源；禁止在出口阀关闭状态下长时间连续运转，一般情况下不允许超过两分钟。

（71）电动离心泵的停泵步骤？

答：关闭出口阀；扭动停止开关，切断电源；停注封油，关闭泵进口阀；待泵体冷却后，关闭冷却水阀；泵停运后，注意盘车；特别是热油，在停运5分钟内经常盘车；并用封油置换泵体渣油；当机泵轴承、电机温度过高或冒烟，盘车或端面密封严重漏油，应立即切断电源，关闭出入口阀门，并启动备用泵后，向班长汇报，联系处理。

（72）蒸汽往复泵的开泵步骤？

答：打开油罐出口阀及汽缸排汽阀，检查润滑油，冷却是否好用；稍开主汽阀，引汽暖缸 10~15 分钟；汽缸暖缸正常后，关闭缸底排凝阀；逐渐加大蒸汽量，将泵启动运转；注意泵的出口压力和泵的运转情况，控制好出口压力和流量；若蒸汽量已很大，而泵启动不动，应关小蒸汽阀进行检查，若是热油泵应让其暖缸；泵运转后，注意检查汽缸，油缸运转声音，润滑冷却水是否正常，各部件是否正常；发现泄漏应消压后再处理，然后重新试压；试压工作要有专人负责，同时做好记录。

（73）空冷器的优缺点是什么？

答：优点：与一般换热器相比节约冷却用水，适用于水源不足的地区；不易产生结垢；操作调节方便；基建和操作费低。缺点：耗电大，有噪声，占地面积大及冷却效果受气候影响等。

（74）为什么说充分利用和合理加工渣油组分是目前石油炼制工作的重要课题之一？

答：在我国大多数重要油田的原油中，>500℃渣油的产率一般都在 40%~50%，这表明原油几乎有近一半是>500℃的渣油，因此必须充分利用和合理加工这部分重质组分。

（75）为什么要了解渣油组成和结构？

答：渣油是石油中组分最复杂的部分，由于不同原油的渣油化学组成和结构的差异，在使用和加工时有很大不同，为了更合理利用渣油原料，必须了解渣油组成和结构。

（76）为什么产蒸汽用的水必须除氧？

答：水中含氧高，则产生的蒸汽含氧量亦高，蒸汽中的氧在高温下会氧化腐蚀管线设备。

（77）换热介质走管程还是壳程怎样确定？

答：有腐蚀、有毒性、温度和压力很高的介质，还有易结垢的介质应走管程；黏度高或流量小，即雷诺数 Re 较低的流体走壳程；膜传热系数小的走壳程。

（78）液位测量的主要目的是什么？

答：主要目的有两个：一是用来确定容器里的原料、半成品或产品的数量，以保证能连续供应生产中各个环节所需要的物料或进行经济核算；二是可了解液位是否在规定的范围内，以便使生产正常地进行，保证产品的质量、产量和安全生产。

（79）操作人员在什么情况下有权对容器采取措施？

答：容器的操作压力、介质温度和壁温超过允许值，采取各种方法不能使之下降；容器的主要受压元件发生裂缝、泄漏等危及安全；安全附件失灵，接管断裂，紧固体损坏难以保证安全生产。

（80）风压低时，部分仪表为何不好用？

答：风动调节阀是靠风压提供动力调整阀的开度的；当风压低至一定程度时，因风压对调节阀产生的作用力不足以克服管线内流体对调节阀的反作用力，故调节阀的开关失去控制，不能准确根据信号对流量进行调节，所以风压低时，参数很难控制。

（81）为什么加热炉烟道挡板不宜开得太大？

答：一方面，加热炉烟道挡板开得太大时，抽力大，烟气温度高，损失能量大；另一方面，由于烟道挡板开度大，对流室炉管表面热强度也明显上升，同时，对流管受热不均匀，因此容易造成对流管局部结焦。

（82）加热炉回火如何处理？

答：立即关严火嘴阀门；用蒸汽赶净炉膛内油气；适当开大烟道挡板，合理调节风门，适当减少风量；平稳好瓦斯或燃料油压力；对流室堵塞严重时应停炉清理畅通；瓦斯性质变化，处理好再用；火嘴结焦停下，清焦后再用。

（83）装置开工收溶剂过程中发生溶剂管线严重泄漏应如何处理？

答：立即停止收溶剂；迅速关闭泄漏点前后的工艺阀门；使用蒸汽驱散泄漏的溶剂；彻底处理漏点。

（84）流量控制回路有哪些基本部分？

答：流量测量元件；变送器；流量调节器；流量调节阀；流量参数。

（85）加热炉烘炉的作用？

答：缓慢脱除加热炉炉墙材料中、施工中的水分；烧结炉墙。

（86）采用原料预稀释为何能提高萃取效率？

答：1）降低了原料进入萃取塔的温度；2）避免原料在溶剂临界温度以上进塔，造成萃取塔局部汽化、返混；3）降低了减压渣油的黏度；4）使原料利于分散；5）提高减压渣油与溶剂的接触表面积。

（87）加热炉局部结焦的特征有哪些？

答：1）炉管表面有暗红色的斑点；2）炉管压力降大；3）传热效果差；4）燃料消耗大。

（88）加热炉"三门一板"是指什么？

答："三门"指油门、气门、风门；"一板"指烟道挡板。

（89）减压渣油采样方法？

答：1）采样人员穿戴好工作服、手套、护目镜，衣袖、衣领禁止敞开；2）检查采样管线伴热，确认采样管线内渣油正在循环；3）关闭上游阀；4）缓慢打开采样阀，采样；5）采完样后，关闭采样阀，打开上游阀。

（90）调节萃取温度的原则？

答：1）萃取塔设置一定的温度梯度，以提高脱沥青油收率。2）脱沥青油质量要求较高时，可适当提高萃取温度。3）溶剂组成变重和烯烃含量较高时应提高萃取温度。

（91）调节溶剂比例的原则？

答：1）萃取温度较低时，可采用较少的溶剂比。2）溶剂组成变重时，应减少溶剂比。3）原料组成轻组分多时，溶剂比要大，重则少。

（92）当原料变轻时，应如何调整操作？

答：1）适当增大溶剂比。2）加大副溶剂量。3）控制好温度梯度。4）降低萃取和沉降进料温度。

（93）瓦斯回火器的作用？

答：防止加热炉点火或操作波动较大时，火焰倒窜回瓦斯罐。

（94）炉管内油品流速太小有何不好？

答：油品在炉管内流速太小，形成层流，影响传热效果；同时油品在管内停留时间长，易结焦。

（95）加热炉空气预热器的原理是什么？

答：空气预热器的原理是将加热炉对流顶的热烟气送到空气预热器与入炉冷空气换热，提高入炉空气温度，达到提高加热炉热效率的目的。

（96）加热炉点火前炉膛为什么要进行蒸汽吹扫？

答：蒸汽吹扫的目的是，保证炉膛里的可燃气含量不超过0.2%，防止炉点火时发生爆燃损坏设备及危害人身安全。

（97）汽提塔为什么要吹入蒸汽？

答：塔内吹入蒸汽目的是降低溶剂在汽提塔内的分压，有利于溶剂的回收。避免产品带溶剂到罐区，造成罐区冒罐的事故。

5. 计算题

（1）已知原料罐的容积是 46.5m^3，装置处理量为 75t/h，正常液位控制为 60%，请问原料罐区突然断料，本装置最多能维持多长时间生产？（原料相对密度为 0.95）

答：$46.5\times60\%\times0.95\times60/75\approx22(\text{min})$

（2）已知装置处理量为 75t/h，原料相对密度 0.95，总溶剂量 240t/h，溶剂相对密度 0.57，求质量溶剂比和体积溶剂比为多少？

答：质量溶剂比 = 240/75 = 3.2

体积溶剂比 = (240/0.57)/(75/0.95) = 5.33

（3）已知流体在管道内的流速为 1.5m/s，管线的规格为 ϕ110mm×5mm，求该流体的体积流量？

答：管线截面积 $=3.14/4\times D^2=3.14/4\times(0.110-0.005\times2)^2=0.00785(\text{m}^2)$

流量 $=0.00785\times1.5\times3600=42.39(\text{m}^3/\text{h})$

（4）从计量表可以看出渣油进装置量为 0.20 m^3/s，已知进料管线有效截面积为 0.04m^2，试求出渣油在管线内的流速？

答：$V=V/A=0.20/0.04=5(\text{m/s})$

（5）已知某流体在管线内的流速为 2m/s，该管线规格为 ϕ32mm×3mm，流体的密度为 450kg/m^3，试求出该流体在管线内的质量流量(kg/s)？

答：管线截面积 $=3.14/4\times D^2=3.14/4\times[(32-2\times3)/1000]^2=0.00053066(\text{m}^2)$

质量流量 $=2\times0.00053066\times450=0.477594(\text{kg/s})$

（6）某加热炉有效热负荷 $Q_{有}=39077.3\text{mJ/h}$，燃料油低发热值 $Q_L=41.9\text{MJ/kg}$，热效率 $\eta=86\%$，求燃料用量？

答：$B=39077.3/(41.9\times86)\%=1084.5(\text{kg/h})$

（7）已知烟气中 CO_2、O_2的体积百分含量分别为 2%、1%，求过剩空气系数 a？

答：$a=(100-CO_2-O_2)/(100-CO_2-4.76\times O_2)=(100-2-1)/(100-2-4.76\times1)=1.04$

（8）将 740mmHg 换算成 kg/cm^2及 Pa。

答：$740/735.6=1.006(\text{kg/cm}^2)$

$740\times133.3=9.86\times10^4(\text{Pa})$

（9）假如装置处理量为 50t/h，溶剂比为 3.5(相对密度)，现将溶剂比降为 3.0，请计算出应降多少 t 溶剂才能达到目的？

答：$(3.5-3.0)\times50=25(\text{t})$

（10）已知脱沥青油至重催管线为 DN150 管线，脱沥青油密度为 950kg/m^3，当质量流量为 30t/h 时，求管线体积流量？

答：体积流量 $q_v=q_m/\rho=30000/950=31.58(\text{m}^3/\text{h})$

（11）用 ϕ108mm×4mm 的管道输送沥青，介质流速为 2m/s，介质密度为 1100kg/m^3，求介质质量流量是多少？

答：$q_m=q_v\times\rho=\pi r^2u\times\rho=3.14\times(0.108-0.004\times2)^2\times2\times1100/4=17.27\text{kg/s}=62.17(\text{t/h})$

（12）已知瓦斯的热值为 35MJ/m^3，加热炉 H-103 每小时消耗瓦斯 800m^3，求加热炉每小时燃烧热是多少？

答：燃烧热＝35×800＝28000（MJ）

（13）已知原料泵电机轴功率为315kW，其机械效率为90%，求其有效功率。

答：有效功率＝315×0.9＝283.5（kW）

（14）已知萃取塔渣油进料60t/h，主溶剂180t/h，稀释溶剂35t/h，循环胶质5t/h，副溶剂25t/h，塔底抽出30t/h，求萃取塔顶出口流量？

答：$G_{进}=60+180+35+5+25=305t/h$，$G_{顶}=G_{进}-G_{底}=305-30=275(t/h)$

（15）已知汽提塔进料36t/h，汽提蒸汽0.7t/h，塔底抽出28t/h，求顶出口流量？

答：$G_{顶}=G_{进}-G_{底}=36+0.7-28=8.7(t/h)$

（16）已知加热炉辐射室的热负荷是1142×10^4kcal/h，热效率是90%，辐射室表面积是400m^2，求辐射室的表面热强度（kcal/h·m^2）？

答：$q_{幅}=Q_{幅}/S=1142\times10^4\times0.9/400=25695(kcal/h\cdot m^2)$

（17）已知沥青汽提塔底抽出22t/h，沥青质密度为1100kg/m^3，底抽出管线为ϕ112mm×6mm，求塔底抽出管线流速是多少？

答：$u=q_v/S=(q_m/\rho)/(\pi D^2/4)=(22000/3600/1100)/(0.785\times0.1^2)=0.71(m/s)$

（18）已知溶剂脱沥青加工量为2400t/d，其中脱沥青油收率为30%，道路沥青产量为1400t/d，求半沥青产量？

答：半沥青产量$=G_{原料}-G_{沥青}-G_{DMO}=2400-1400-2400\times30\%=280(t/d)$

（19）溶剂脱沥青渣油中含硫量为4.0%，装置处理量为2100t/d，已知产品中硫的量为82t/d，求装置中剩余的硫的量？

答：$G_{剩余}=G_{进}-G_{出}=2100\times4\%-82=2(t/d)$

（20）已知溶剂脱沥青装置处理量为65000t/月，当月溶剂消耗为40t，求装置溶剂单耗是多少？

答：溶剂单耗＝40×1000/65000＝0.62（kg/t）

（21）已知溶剂脱沥青装置处理量为65000t/月，当月收溶剂280t，退溶剂240t，求装置溶剂单耗是多少？

答：溶剂单耗＝（280－240）×1000/65000＝0.62（kg/t）

（22）已知柴油罐直径为2200mm，液位计高度为6.5m，柴油密度为850kg/m^3，求将液位从40%升至90%需收多少t柴油？

答：$q_m=q_v h\times\rho=\pi D^2 h\times\rho/4=0.785\times2.2^2\times(90\%-40\%)\times6.5\times0.85=10.5(t)$

（23）已知脱沥青油汽提塔直径为1600mm，液位计高度为3m，当前液位为60%，当脱沥青油后路不畅时，塔底抽出流量由30t/h骤降至10t/h，则多长时间塔液位就会升至100%？（假设脱沥青油工作密度为900kg/m^3）

答：液位容积$V=\pi D^2 h/4=0.785\times1.6\times1.6\times3=6.03(m^3)$

体积流量$u=(30-10)\times1000/900=22.2(m^3/h)$

时间$T=(100\%-60\%)V/u=0.4\times6.03/22.2=0.1(h)$

（24）已知萃取处理量为60t/h，溶剂比为3.0，其中主溶剂为150t/h，则主溶剂占总溶剂的比例是多少？

答：比例＝[150/（60×3.0）]×100%＝83.33%

（25）已知退溶剂流量为2t/h，6h后溶剂罐液位由60%下降至40%，假设其他条件不变，收溶剂流量为 10t/h，则收溶剂多长时间溶剂罐液位由 40%升至 60%？

答：$T=2\times6/10=1.2(h)$

（26）已知溶剂脱沥青装置日耗电量为 30000kW·h，处理量为 2400t/d，换算系数为 0.23kgEo/kW·h，则电单耗为多少 kgEo/t?

答：电单耗=30000×0.23/2400=2.875(kgEo/t)

（27）已知溶脱装置蒸汽主要是汽提蒸汽和伴热蒸汽，6 月份蒸汽用量为 3000t，其中三塔汽提蒸汽流量总和为 2.5t/h，则当月伴热蒸汽用量是多少？

答：伴热蒸汽用量=3000−2.5×24×30=3000−1800=1200(t)

11.2 实操题库

（1）升降处理量操作方法及注意事项是什么？（100 分）

答：

1）操作方法：

a. 调整萃取进料流量升降处理量，调整幅度不要太猛；（30 分）

b. 通知渣油罐区注意渣油泵出口压力；（10 分）

c. 根据需要重新调整溶剂比；（10 分）

d. 检查原料泵电流及振动情况。（10 分）

2）注意事项：

a. 控制萃取最低处理量不低于工艺卡片指标；（20 分）

b. 应不低于原料泵最小流量，低处理量时需开最小流量线；（10 分）

c. 控制脱油沥青溶液炉和胶质溶液炉不低于最低进料流量指标。（10 分）

（2）调整溶剂比操作方法及注意事项是什么？（100 分）

答：

1）操作方法：

a. 提前算好调整溶剂比需调整多少吨循环量；（10 分）

b. 调整脱沥青油溶液炉进料流量，同时调整超临界压控阀位，控稳萃取超临界压力；（20 分）

c. 调整脱沥青油溶液炉瓦斯进料量，并根据脱沥青油溶液炉四路出口温度继续微调脱沥青油溶液炉各支路流量，减少支路温差；（20 分）

d. 检查脱沥青油溶液泵电流及振动情况。（10 分）

2）注意事项：

a. 调整脱沥青油溶液炉各支路及超临界压控尽量使用微调，调整幅度不能太大；（20 分）

b. 脱沥青油溶液炉支路温差≤10℃，平时温差尽量控制在 3℃范围内；（10 分）

c. 调整溶剂比后需检查脱沥青油溶液泵电流及振动情况。（10 分）

（3）调整萃取塔、胶质沉降塔界面操作方法及注意事项是什么？（100 分）

答：

1）操作方法：

a. 调整副溶剂流量或温度；（20 分）

b. 调整底抽出量，胶质沉降塔可调整胶质溶液炉进料或循环胶质流量；（20 分）

c. 调整萃取进料量；（20 分）

d. 调整萃取沉降温度、压力。（10 分）

2）注意事项：

a. 平时通过调整副溶剂和底抽出控制萃取塔界面；油种变化时可调整萃取沉降温度和进料量；（20 分）

b. 调整底抽出后相应调整沥青溶液炉出口温度和背压，同时调整控稳汽提塔液面和压力。（10 分）

（4）调整萃取塔、胶质沉降塔进料温度操作方法及注意事项是什么？（100 分）

答：

1）操作方法：

a. 控制萃取进料温控调整萃取塔进料温度；（30 分）

b. 控制胶质沉降塔进料温控调整胶质沉降塔进料温度。（30 分）

2）注意事项：

a. 若高压溶剂空冷冷却效果差导致萃取塔进料温度降不下来，可适当开些渣油/脱沥青油换热器副线；（20 分）

b. 调整萃取温度后注意界面的变化，控稳萃取界面。（20 分）

（5）调整萃取、超临界压力操作方法及注意事项是什么？（100 分）

答：

1）操作方法：

a. 控制补充溶剂流控调整萃取压力；（40 分）

b. 控制超临界压控、炉脱沥青油溶液炉出口温度、补充溶剂流控调整超临界压力。（40 分）

2）注意事项：

使用微调和调节滞后，避免压力指示大幅波动。（20 分）

（6）调整原料罐进料温度操作方法及注意事项是什么？（100 分）

答：

1）操作方法：

控制渣油/脱沥青油换热器副线阀开度调整原料罐进料温度。（70 分）

2）注意事项：

调整后脱沥青油冷却器温水温度会变化。（30 分）

（7）调整汽提塔压力操作方法及注意事项是什么？（100 分）

答：

1）操作方法：

a. 控制汽提塔压控调整汽提塔压力；（30 分）

b. 控稳炉进料、背压及炉出口温度。（30 分）

2）注意事项：

a. 若低压溶剂空冷冷却效果差导致塔压高，则放不凝气或适当降处理量；（20 分）

b. 控稳汽提塔汽提蒸汽量，避免汽提蒸汽带水。（20 分）

(8) 调整脱沥青油冷却器温水温度操作方法及注意事项是什么?(100分)
答:
1) 操作方法:
a. 控制温水温控调整温水温度;(40分)
b. 调整软化水泵出口流量;(20分)
c. 增开温水空冷调整温水冷却温度。(20分)
2) 注意事项:
控制温水温度在合理范围内,温度过高容易造成水击,温度过低冷却效果差。(20分)
(9) 调整溶剂泵入口温度操作方法及注意事项是什么?(100分)
答:
1) 操作方法:
a. 通过切换或开停低压溶剂空冷风机进行粗调;(40分)
b. 通过调整低压溶剂空冷出口阀开度进行微调;(20分)
c. 大雨或降温时可适当开汽提塔与溶剂罐差压阀补偿温降。(20分)
2) 注意事项:
控制溶剂泵入口温度在合理范围内,防止泵端封振动超标。(20分)
(10) 调整道路沥青出装置温度操作方法及注意事项是什么?(100分)
答:
1) 操作方法:
控制沥青除氧水冷却器副线阀开度调整道路沥青出装置温度。(60分)
2) 注意事项:
沥青除氧水冷却器出入口应确保至少10℃左右温差,防止正线不走量堵塞。(40分)
(11) 火炬分液罐送污油操作方法及注意事项是什么?(100分)
答:
1) 操作方法:
a. 稍开火炬分液罐盘管蒸汽;(10分)
b. 火炬分液罐切水后采样分析;(10分)
c. 经调度同意,确认后路流程畅通后可送污油;(20分)
d. 开界区阀,开污油泵送污油;(20分)
e. 送油结束,用柴油冲洗管线,停泵关界区阀。(20分)
2) 注意事项:
采样分析合格,经调度运行后才可送污油。(20分)
(12) 装置改内循环操作方法及注意事项是什么?(100分)
答:
1) 操作方法:
a. 将脱沥青油改回原料罐,关脱沥青油至重催及罐区;(20分)
b. 将道路沥青改回脱油沥青线,关道路沥青出装置阀;(20分)
c. 将脱油沥青改回原料罐,关脱油沥青出装置阀(脱油沥青冷却器E-106处);(20分)

d. 关渣油进原料罐以及调和渣油上游副线阀。(20 分)

2) 注意事项:

a. 控稳原料泵入口温度在 120~170℃范围内;(10 分)

b. 原料缓冲罐液控调节阀打手动开一定阀位,防止渣油/脱沥青油换热器憋漏。(10 分)

(13) 调整加热炉剩氧含量操作方法及注意事项是什么?(100 分)

答:

1) 操作方法:

a. 控制加热炉一次风门调整加热炉供风量;(20 分)

b. 现场调整各火嘴风门;(20 分)

c. 调整烟道挡板开度;(20 分)

d. 调整鼓风机、引风机转速。(20 分)

2) 注意事项:

a. 风门开度不可关太小,防止火嘴供风不均熄灭;(10 分)

b. 鼓风机转速不可太低,保证入炉前风压。(10 分)

(14) 调整加热炉炉膛负压操作方法及注意事项是什么?(100 分)

答:

1) 操作方法:

a. 控制各烟道挡板开度调整炉膛负压;(20 分)

b. 调整引风机转速;(20 分)

c. 调整加热炉风门开度;(20 分)

d. 必要时适当降低加热炉热负荷。(20 分)

2) 注意事项:

平衡好三个加热炉烟道挡板开度,避免某一炉膛正压。(20 分)

(15) 调整瓦斯火嘴操作方法及注意事项是什么?(100 分)

答:

1) 操作方法:

a. 调整总风门和火嘴风门开度;(20 分)

b. 调整烟道挡板控制合适的炉膛负压;(20 分)

c. 必要时调整瓦斯火嘴手阀开度。(20 分)

2) 注意事项:

a. 确保风压及供风量,防止风量不足火嘴熄灭;(20 分)

b. 控制合适的炉膛负压。(20 分)

(16) 调整瓦斯压力操作方法及注意事项是什么?(100 分)

答:

1) 操作方法:

控制中压瓦斯压控调整瓦斯进罐压力。(60 分)

2) 注意事项:

若瓦斯压力太高沥青溶液炉火嘴容易脱火熄灭,一般控制在 0.3~0.4MPa。(40 分)

(17) 投用鼓风机引风机联锁操作方法及注意事项是什么？(100 分)

答：

1) 鼓风机联锁的投用操作方法：

a. 确认鼓风机出口压力在正常范围内；(10 分)

b. 确认鼓风机运行正常，鼓风机出口压力正常，自然风门全部已关闭；(10 分)

c. 分别点击鼓风机停机联锁按钮(1 个)及鼓风机出口压力低低联锁按钮(3 个)，均选择投用，点击确定；或者直接点击鼓风机联锁复位按钮，点击确定。(20 分)

2) 引风机联锁的投用操作方法：

a. 确认引风机入口压力在正常范围内；(10 分)

b. 确认引风机运行正常、引风机入口压力正常、烟道旁路密封挡板全部已关闭；(10 分)

c. 分别点击引风机停机联锁按钮(1 个)及引风机入口压力高高联锁按钮(3 个)，均选择投用，点击确定；或者直接点击引风机联锁复位按钮，点击确定。(20 分)

3) 注意事项：

必须确认所有联锁投用条件已具备，工况、设备、仪表运行正常，再投用联锁。(20 分)

(18) 旁路鼓风机引风机联锁操作方法及注意事项是什么？(100 分)

答：

1) 操作方法：

打开 DCS 联锁逻辑界面，共有 8 个鼓风机/引风机联锁按钮，点击需要旁路的联锁按钮，选择旁路，点击确定。(60 分)

2) 注意事项：

雷暴天气、仪表故障时联锁及时打旁路控制。(40 分)

(19) 机泵盘车操作方法及注意事项是什么？(100 分)

答：

1) 操作方法：

顺着机泵运行方向盘动 2~3 圈。(40 分)

2) 注意事项：

a. 确认机泵在备用状态再进行盘车；(20 分)

b. 注意机泵运转方向(本装置机泵左旋和右旋方向都有)和单双日标线规定；(20 分)

c. 发现盘不动车或有杂音或不顺畅应联系机修检查。(20 分)

(20) 机泵参数检测操作方法及注意事项是什么？(100 分)

答：

1) 操作方法：

利用测振仪对着端封(南北)指定点垂直和水平各测一次，测振时稍用力压着测振仪 10 秒左右，测量数值恒定时测量参数才准确。(40 分)

2) 注意事项：

a. 用测温仪对准标定位置点测端封温度(每次测量温度都应对准标定点位置)；(20 分)

b. 测振时注意自身安全，不要戴手套、扣好工作服衣袖和系好安全帽；(20 分)

c. 发现检测参数超标应及时联系机修检查。(20 分)

(21) 溶剂泵、脱沥青油溶液泵干气密封操作方法及注意事项是什么?(100分)

答:

操作方法:

1) 灌泵。先开溶剂泵入口阀少许,赶空气后关闭至火炬分液罐顶放空阀,开大溶剂泵入口阀。(20分)

2) 给氮气。改通干气密封至火炬分液罐后路,打开氮气阀,拉下给氮气红色圈,给氮气调整压力至0.4MPa。(20分)

3) 开冲洗溶剂。开冲洗溶剂总阀,两端冲洗溶剂压力为泵入口压力。短时间启动泵后冲洗溶剂注入也可。(20分)

4) 盘车,启动泵。(20分)

注意事项:

1) 泵投用时,先灌泵再投用干气密封;(10分)

2) 泵停用时,先停干气密封再泵体泄压。(10分)

(22) 原料泵灌泵、切换、切出吹扫操作方法及注意事项是什么?(100分)

答:

操作方法:

1) 灌泵

a. 灌泵前应全面检查泵体管线连接处垫片、丝堵是否装好,压力表放空手阀有无关严,泵端面密封与封油线接头处有无漏油等;(5分)

b. 在打开泵入口阀灌泵、排气排凝后,分多次缓慢打开泵预热阀预热泵体;(5分)

c. 在预热时,要经常盘车,防止叶轮受热不均匀而变形;(5分)

d. 在预热时,泵体、泵座,封端应给少量冷却水。(5分)

2) 切换

a. 全面检查备用泵状态,确认正常后启动备泵按钮,开泵出口阀并入系统;(5分)

b. 备泵运转正常后,关闭运行泵出口阀,按停原运行泵;(10分)

c. 切换期间内外操配合好,控稳萃取进料流量。(10分)

3) 切出吹扫

a. 关闭泵出入口阀、预热阀、封油阀;(5分)

b. 开放空阀泄压至火炬分液罐;(10分)

c. 蒸汽切完水后给上吹扫蒸汽;(10分)

d. 确认吹扫干净后关闭至火炬分液罐放空阀,开泵出口放空阀;(10分)

e. 电工停电,交出检修。(10分)

注意事项:

调整封油压力高压泵入口0.10~0.15MPa。(10分)

(23) 脱沥青油溶液泵灌泵、切换、切出操作方法及注意事项是什么?(100分)

答:

操作方法:

1) 灌泵

a. 检查确认冲洗溶剂、泵出口压力表已投用;确认泵底放空阀、出口放空阀关闭;(5分)

b. 泵顶放空开阀 1~2 扣，稍开冲洗溶剂阀置换泵体空气；(5 分)

c. 待泵顶放空管线冰凉即排空完毕，关闭顶放空阀；(5 分)

d. 开大冲洗溶剂阀，确认冲洗溶剂两端压力表压力缓慢同步上升；(5 分)

e. 全面检查泵体、机封、端封是否存在漏点；(5 分)

f. 升压至 4.1MPa 时打开泵入口阀，再次全面检查；确认试静压合格，将入口阀开至正常开度，并打开预热阀。(5 分)

2）切换

a. 开循环水、冷却风；(5 分)

b. 盘车，全面检查；(5 分)

c. 开泵循环线虚扣，徒手回关；(5 分)

d. 关预热阀；(5 分)

e. 检查确认正常，启动备用泵，开泵循环线；(5 分)

f. 备用泵试运正常，开出口阀并入系统，关循环阀；同时开运行泵循环阀，关泵出口阀，看好电流平稳操作；备泵并入系统运行正常，关运行泵循环阀，停下原运行泵。(5 分)

3）切出

a. 关泵预热阀；(5 分)

b. 关小泵入口阀剩 2~3 扣；(5 分)

c. 关冲洗溶剂总阀，同时关泵入口阀，注意操作配合；(5 分)

d. 打开泵顶放空阀泄压，注意开度不要太大避免泄压过快；(5 分)

e. 泵体压力回零后，关闭泵顶放空阀，观察泵出入口预热阀是否有内漏；确认无内漏则开底放空交出检修。(5 分)

注意事项：

a. 灌泵充压过程切忌过快，要求冲洗溶剂阀要缓慢打开，充压至 0.5MPa 后要分次关小，到 3.5MPa 再次关小已类似于试静压，开始全面检查；(5 分)

b. 切换过程中内操注意控稳抽提系统压力，避免系统波动；(5 分)

c. 切出泄压时，当泵体压力降至 1.5~2.0MPa，停用泵干气密封。(5 分)

(24) 溶剂泵灌泵、切换、切出操作方法及注意事项是什么？(100 分)

答：

操作方法：

1）灌泵

a. 先开溶剂泵入口阀少许，赶溶剂泵泵体内空气入火炬分液罐；(10 分)

b. 空气赶完后，关闭至火炬分液罐阀；(10 分)

c. 灌泵检查正常后，开大溶剂泵入口阀，给上干气密封氮气和冲洗溶剂。(10 分)

2）切换

a. 备用泵盘车，全面检查，给上冷却风；(10 分)

b. 检查正常，启动备用泵，开泵出口阀；(10 分)

c. 确认备用泵运行正常，慢关原运行泵出口阀至全关，按停原运行泵。(10 分)

3）切出

a. 关泵出入口阀，关冲洗溶剂总阀；(5 分)

b. 关泵干气密封氮气总阀；（5 分）

c. 开顶放空到火炬分液罐泄压；（5 分）

d. 关顶放空开底放空，交出检修。（5 分）

注意事项：

a. 泵投用时，先灌泵再投用干气密封；（10 分）

b. 泵停用时，先停干气密封再泵体泄压。（10 分）

（25）手动调整阀位操作方法(3 种)是什么？（100 分）

答：

将调节器调整到手动状态：

1）点击打开阀位对话框，输入阀位数字；（40 分）

2）用鼠标拖动阀位指示条上的三角形指针；（30 分）

3）点击阀位微调按钮，每点击一次调整 1 个阀位。（30 分）

（26）自动调整给定操作方法(3 种)是什么？（100 分）

答：

将调节器调整到自动状态：

1）点击打开给定值对话框，输入给定值数字；（40 分）

2）用鼠标拖动给定值指示条上的三角形指针；（30 分）

3）点击给定值微调按钮。（30 分）

（27）投用、解除串级操作方法是什么？（100 分）

答：

1）投用串级

a. 打开主表、副表调节面板；（20 分）

b. 确认副表面板上方处于“正常”状态，否则点击“正常”按钮；（20 分）

c. 主表点击“自动”；（20 分）

d. 副表点击“串级”。（20 分）

2）解除串级

副表点击“手动”或“自动”，即解除串级。（20 分）

（28）减压渣油、道路沥青、脱沥青油采样操作方法及注意事项是什么？（100 分）

答：

1）操作方法：

a. 检查采样瓶：确认采样油瓶符合要求，核对采样油瓶与采样介质对应，时间对应；（10 分）

b. 置换采样管：采样前将采样管内的残留介质按规定地点排放；（10 分）

c. 置换采样瓶：脱沥青油杯置换 2~3 次，渣油和沥青杯不置换；（10 分）

d. 采样：采样品至采样杯的 2/3 左右；（10 分）

e. 采样杯按规定位置摆放在采样箱内。（10 分）

2）注意事项：

a. 采样人员必须持证上岗，采样完毕应立即关闭采样阀；（10 分）

b. 采样前，必须检查采样点周围的工作环境，确保采样周围无动火作业；（10 分）

c. 采样者和监护者都应佩戴好相应的劳动保护用品；（10 分）

d. 非常规采样，需要在班长、技术人员到场后才可采样，采样前做好 JHA 分析；（10 分）

e. 采样样品严禁进水。（10 分）

（29）瓦斯气、丁烷及不凝气采样操作方法及注意事项是什么？（100 分）

答：

1）操作方法：

a. 采样前人站上风向，稍开阀门置换采样管；（10 分）

b. 置换采样袋；（10 分）

c. 采样袋至少置换 2~3 次后，进行采样；（20 分）

d. 采样完成后，将采样软管双折后，用夹子夹好，确保气体不发生泄漏，并按规定位置摆放在采样箱内。（20 分）

2）注意事项：

a. 采样人员必须持证上岗，采样完毕应立即关闭采样阀；（10 分）

b. 采样前，必须检查采样点周围的工作环境，确保采样周围无动火作业；（10 分）

c. 采样者和监护者都应佩戴好相应的劳动保护用品；（10 分）

d. 非常规采样，需要在班长、技术人员到现场后才可采样，采样前做好 JHA 分析。（10 分）

（30）装置切断进料准备工作、操作方法及注意事项是什么？（100 分）

答：

1）准备工作：

a. 检查确认停工所用管线良好，伴热均给上；（10 分）

b. 联系调度，改通退油线至商燃罐区流程，并给上伴热；（10 分）

c. 通知上下游做好配合。（10 分）

2）操作方法：

a. 脱沥青油贯通退油线及脱油沥青冷却器壳程；（10 分）

b. 萃取进料流控降量，原料泵稍开回流；（10 分）

c. 关渣油界区阀，原料罐停收渣油；（10 分）

d. 脱沥青油经内循环线回原料罐，道路沥青停送罐区改送焦化；（10 分）

e. 关萃取塔进料上游阀，切断萃取进料。（10 分）

3）注意事项：

a. 提前投用脱油沥青冷却器温水，投用温水前，壳程必须留泄压流程；（5 分）

b. 注意温水温度，必要时增开温水空冷，并开大软化水泵出口；（5 分）

c. 萃取塔、沉降塔温度控制：125℃、140℃；（5 分）

d. 切断渣油进料后注意开原料泵两泵预热阀预热。（5 分）

（31）切断进料渣油改走萃取塔底开工线准备工作、操作方法及注意事项是什么？（100 分）

答：

1）准备工作：

a. 关小原料罐抽出阀，放开脱油沥青溶液炉进料控制阀；（20 分）

b. 关小回原料罐循环线。（10 分）

2）操作方法：

a. 缓慢开萃取塔底开工循环阀，使原料泵上升 0.5~1 个电流；（20 分）

b. 及时控稳沥青炉出口背压压力 2.5MPa 至 2.6MPa。（20 分）

3）注意事项：

a. 原料泵回原料罐循环阀开度不能大，萃取塔底兑油阀开度不能大，以防倒窜；（15 分）

b. 调整时应缓慢分多次调节兑油量同沥青溶液炉进料量，避免背压大幅波动。（15 分）

（32）原料泵开工初期为什么要置换里面的柴油？（100 分）

答：

因为原料泵备用泵内存有的柴油容易带水，预热时容易引起运行泵抽空。（100 分）

（33）开始往萃取塔投料前，有哪些准备工作要做？（100 分）

答：

a. 全面检查确认各工艺参数已达到工艺卡片的操作条件；（20 分）

b. 全面检查确认装置各系统运行正常；（20 分）

c. 确认萃取塔、沉降塔、回收塔底部已建立循环，不带水，且底部温度接近顶部温度；（20 分）

d. 确认罐区送渣油正常；（20 分）

e. 确认溶剂罐随时准备退溶剂；（10 分）

f. 在开原料泵出口阀前关闭运行泵预热阀。（10 分）

（34）开工后期原料泵抽空处理的方法与预防措施是什么？（100 分）

答：

1）处理方法：

a. 找出导致抽空的原因，杜绝原料罐介质带水或带溶剂；（10 分）

b. 关闭回原料罐循环阀；（10 分）

c. 暂停抽空泵，关预热阀，打开泵体放空或开污油线阀排气；（10 分）

d. 防止沥青溶液炉超温结焦。（10 分）

2）预防措施：

a. 监测循环渣油温度、压力，渣油循环时确保沥青溶液炉出口温度不低于 230℃，三塔给上蒸汽，防止塔液面低夹带溶剂；（10 分）

b. 柴油循环时，三塔顶隔断同溶剂罐联系，给上低压氮气保证压力；（10 分）

c. 确认三塔底抽出不带气才能改回内循环；（10 分）

d. 在开原料泵备用泵时应该关闭回原料罐循环阀，避免备用泵内带水或气的介质串至运行泵；（10 分）

e. 未置换的原料泵备用泵不能开预热阀预热；（10 分）

f. 当发生泵抽空导致油循环中断时，应果断降低沥青溶液炉炉膛温度，防止因进料中断而导致炉超温结焦。（10 分）

（35）装置停电应急处理方法是什么？（100 分）

答：

装置按紧急停工处理：

1）内操操作：

a. 按停一键停炉瓦斯，暂保留长明灯；（10分）

b. 全关萃取进料流控；（10分）

c. 全关溶剂分离器界控；（10分）

d. 全关补充溶剂流控、溶剂泵出口流控；（10分）

e. 全关渣油进料和汽提塔底液控。（5分）

2）现场操作：

a. 全关三炉瓦斯阻火器上游副线阀；（5分）

b. 全关沉降塔底流控上游阀；（5分）

c. 全关原料泵出口预热阀；（5分）

d. 全关萃取塔底抽出阀；（5分）

e. 全关溶剂分离器界控上游阀，补充溶剂流控上游阀；（5分）

f. 全关脱沥青油溶液泵冲洗溶剂总阀；（5分）

g. 全关三塔汽提蒸汽塔壁阀；（5分）

h. 全关脱沥青油泵出口预热阀；（5分）

i. 全关脱油沥青汽提塔底抽出阀；（5分）

j. 全关渣油进装置上游副线阀；（5分）

k. 全关脱油沥青汽提塔新鲜洗涤油；（2分）

l. 全关溶剂罐水包界控上游阀；（2分）

m. 按停各机泵电源，关各机泵出口预热阀、封油阀。（1分）

（36）装置停循环水应急处理方法是什么？（100分）

答：

a. 引新鲜水作为机泵用水；（70分）

b. 停水后应立即询问调度停水原因以及停水时间长短，并向主管技术人员汇报。（30分）

（37）装置停除氧水应急处理方法是什么？（100分）

答：

a. 关除氧水界区阀，开温水至除氧水跨线阀，引温水至蒸汽发生器；（40分）

b. 逐渐关小沥青除氧水冷却器副线至全关，注意监控沥青出装置温度、蒸汽发生器顶底温度；（40分）

c. 软化水罐液位低则关跨线阀，开温水界区阀改回正常流程收水；（10分）

d. 收水完毕再恢复流程，维持蒸汽发生器液位。（10分）

（38）装置停低压蒸汽应急处理方法是什么？（100分）

答：

a. 全关各汽提塔的塔壁阀，防止蒸汽系统倒窜入重油；（80分）

b. 若仍有中压蒸汽，联系动力调度引中压蒸汽至装置界区，投用减温减压蒸汽。（20分）

（39）装置停中压/低压氮气应急处理方法是什么？（100分）

答：

a. 立即切换中压/低压氮气，维持干气密封氮气供应；（40分）

b. 检查脱沥青油溶液泵运行泵端封是否有泄漏，发现泄漏立即切换机泵；(30 分)

c. 如中压/低压氮气全停，脱沥青油溶液泵无法维持正常运行，班长有权下令按紧急停工处理。(30 分)

(40) 溶剂泵、脱沥青油溶液泵运行泵端封大漏应急处理方法是什么？(100 分)

答：

端封大漏可控应急处理方法：

a. 立即将溶剂泵/脱沥青油溶液泵切换至备用泵，将泄漏机泵切出并放空至火炬分液罐；(10 分)

b. 若装置四周有动火作业，命令其立即停止作业；(10 分)

c. 引软管蒸汽至机泵泄漏点，稀释驱散泄漏的丁烷；(10 分)

d. 通知装置管理人员、领导、值班人员，向调度汇报情况。(10 分)

端封大漏不可控应急处理方法：

a. 向公司 119/120 报警，通知调度及装置管理人员；(10 分)

b. 班长立即下令按紧急停工处理；(10 分)

c. 停下泄漏机泵，切出并放空至火炬分液罐；(10 分)

d. 加热炉一键停炉，不保留长明灯；(10 分)

e. 迅速按停溶剂泵、脱沥青油溶液泵、原料泵，并封闭高压系统；(10 分)

f. 停下并封闭低压系统。(10 分)

(41) 仪表 DCS 失电应急处理方法是什么？(100 分)

答：

根据 DCS 失电原因不同处理方法不同，主要分两种：

1) 总控室 DCS 操作站失电，一键停炉已失电动作的处理方法：

a. 内操发现 DCS 操作站全部黑屏，立即检查一键停炉状态；(10 分)

b. 确认一键停炉已失电动作，班长立即下令按紧急停工处理；(10 分)

c. 全关中压瓦斯、高压瓦斯手阀；(10 分)

d. 迅速按停溶剂泵、脱沥青油溶液泵、原料泵，并封闭高压系统；(10 分)

e. 停下低压系统各机泵并封闭低压系统，切断与外界的联系。(10 分)

2) 外操室 DCS 控制器失电处理方法：

a. 内操发现 DCS 操作站操作面板全部显示红底@ @ @，立即联系外操检查现场状态；(10 分)

b. 现场确认加热炉瓦斯火已熄灭、关键机泵电流异常、仪表阀位全开或全关、一次表无指示，班长立即下令按紧急停工处理；(10 分)

c. 内操按停一键停炉瓦斯，暂保留长明灯；外操全关三炉阻火器上游副线阀；(10 分)

d. 迅速按停溶剂泵、脱沥青油溶液泵、原料泵，并封闭高压系统；(10 分)

e. 停下低压系统各机泵并封闭低压系统，切断与外界的联系。(10 分)

(42) 装置原料中断应急处理方法是什么？(100 分)

答：

a. 联系调度查明原料中断原因；(30 分)

b. 原料暂时无法正常供应时将装置改内循环，切断装置与外界的联系，待原料恢复正常后恢复生产；(60 分)

c. 用柴油冲洗有关管线。(10 分)

(43) 瓦斯严重带液应急处理方法是什么？(100 分)

答：

a. 通知调度查明瓦斯带液的原因；(20 分)

b. 外操到现场进行瓦斯罐脱液，开大烟道挡板、视情况开大风门；(30 分)

c. 如果高压瓦斯罐带液严重，则停用高压瓦斯。如果低压瓦斯量带液严重，则关小中压瓦斯界区阀，放溶剂罐不凝气至炉，必要时降低装置处理量；(30 分)

d. 瓦斯脱液时，现场要做好安全和环保措施。(20 分)

(44) 脱油沥青管线堵塞应急处理方法是什么？(100 分)

答：

a. 脱油沥青暂改送至另一套焦化，改送前用柴油顶线确认管线通畅；(30 分)

b. 全面检查脱油沥青管线伴热，确认伴热良好，并联系焦化检查其装置界区内伴沥青线伴热；(30 分)

c. 确认伴沥青管线阀门伴热是热的，可用柴油顶线至焦化；(20 分)

d. 若两套焦化伴沥青线同时堵塞，且长时间不能顶通时，降处理量，脱油沥青改至罐区。(20 分)

(45) 汽提塔汽提蒸汽带水突沸应急处理方法是什么？(100 分)

答：

a. 全关洗涤油流控调节阀(若天冷下雨可不全关)，控稳脱油沥青汽提塔液位；(20 分)

b. 全关脱油沥青汽提塔汽提蒸汽塔壁阀；(20 分)

c. 洗涤油泵开双泵运行，开大洗涤油液控副线阀；(20 分)

d. 洗涤段液位开始下降后，开大新鲜洗涤油；(20 分)

e. 现场加强蒸汽切水，旋风分液罐压油并用柴油冲洗；(10 分)

f. 必要时停汽提塔汽提蒸汽。(10 分)

(46) 加热炉鼓风机自停应急处理方法是什么？(100 分)

答：

a. 迅速到现场检查自然风门的情况，如果自然风门无法自动打开，则用手动打开；(40 分)

b. 立即到现场检查确认脱油沥青炉烟道旁路密封挡板、脱沥青油加热炉烟道旁路密封挡板已打开，否则手动打开；(40 分)

c. 将处理量降低到最低处理量，并及时降低溶剂比，以降低加热炉的炉膛温度；(10 分)

d. 通知调度和本部值班人员，联系电工处理鼓风机。(10 分)

附件

附件 1　液体丙烷及其饱和蒸气在平衡状态下的密度和比容

温度/℃	液体		饱和蒸气	
	密度/(g/cm^3)	比容/(cm^3/g)	密度/(g/cm^3)	比容/(cm^3/g)
-60	0.604	1.656	0.00115	906
-50	0.594	1.685	0.00177	618
-45	0.587	1.705	0.00207	484
-40	0.581	1.728	0.00261	382
-34	0.574	1.745	0.00326	308
-29	0.564	1.768	0.00410	249
-23	0.557	1.785	0.00490	204
-18	0.551	1.820	0.00590	169
-12	0.544	1.831	0.00710	142
-8	0.538	1.855	0.00840	118
-4	0.533	1.870	0.00920	108
4	0.522	1.908	0.01170	86.0
10	0.514	1.941	0.01360	73.7
20	0.500	2.000	0.01820	54.9
30	0.485	2.058	0.02000	50.0
40	0.471	2.121	0.02900	34.8
45	0.463	2.157	0.03400	29.4
50	0.454	2.201	0.03950	25.1
60	0.434	2.320	0.05200	19.2
70	0.408	2.450	0.06550	15.2
80	0.376	2.660	0.08320	12.0
90	0.332	3.012	0.11800	8.5
96.81	0.224	4.464	0.22400	4.46

附件 2　液体正丁烷及其饱和蒸气在平衡状态下的密度和比容

温度/℃	液体		饱和蒸气	
	密度/(g/cm^3)	比容/(cm^3/g)	密度/(g/cm^3)	比容/(cm^3/g)
-50	0.652	1.534	0.340	2.940
-40	0.642	1.558	0.560	1.786
-30	0.632	1.582	0.870	1.150
-20	0.622	1.608	1.370	0.730
-10	0.613	1.631	1.980	0.505
0	0.602	1.661	2.817	0.388
10	0.590	1.695	4.000	0.250
20	0.577	1.733	5.714	0.175
30	0.565	1.770	6.897	0.145
40	0.551	1.815	8.130	0.123
50	0.537	1.862	11.765	0.085
60	0.524	1.908	15.152	0.066
70	0.509	1.965	19.231	0.052
80	0.494	2.024	24.691	0.040
90	0.480	2.083	30.769	0.033
100	0.465	2.151	38.462	0.026

续表

温度/℃	液体		饱和蒸气	
	密度/(g/cm³)	比容/(cm³/g)	密度/(g/cm³)	比容/(cm³/g)
105	0.455	2.198	43.860	0.023
110	0.448	2.232	47.170	0.021
115	0.438	2.283	57.143	0.018
120	0.427	2.342	59.524	0.017
125	0.414	2.415	66.667	0.015
130	0.398	2.513	75.756	0.013
135	0.384	2.604	85.470	0.012
140	0.360	2.778	104.363	0.010
145	0.350	2.857	122.098	0.008
150	0.290	3.448	155.119	0.006
152.01	0.228	4.386	228.000	0.004

附件 3　液体正戊烷及其饱和蒸气在平衡状态下的密度和比容

温度/℃	液体		饱和蒸气	
	密度/(g/cm³)	比容/(cm³/g)	密度/(g/cm³)	比容/(cm³/g)
-50	0.692	1.445		
-40	0.683	1.464	0.121	8.270
-30	0.674	1.484	0.211	4.750
-20	0.666	1.502	0.333	3.000
-10	0.657	1.522	0.541	1.850
0	0.648	1.543	0.806	1.240
10	0.640	1.563	1.250	0.800
20	0.629	1.590	1.770	0.565
30	0.618	1.618	2.500	0.400
40	0.606	1.650	3.390	0.295
50	0.596	1.678	4.505	0.222
60	0.584	1.712	5.917	0.169
70	0.572	1.748	7.813	0.128
80	0.560	1.789	10.204	0.098
90	0.549	1.821	12.821	0.078
100	0.537	1.862	16.129	0.062
110	0.521	1.919	20.000	0.050
120	0.507	1.972	24.570	0.041
130	0.490	2.041	30.488	0.033
140	0.474	2.110	37.037	0.027
150	0.457	2.188	45.455	0.022
160	0.437	2.288	59.593	0.018
170	0.414	2.415	72.727	0.014
180	0.380	2.632	95.238	0.011
190	0.334	2.994	127.433	0.008
196.2	0.232	4.545	232.000	0.004

附件 4　丙烷饱和蒸气的绝对压力与温度的关系

温度	压力	温度	压力	温度	压力	温度	压力	温度	压力
-42.54	1.00	-1.11	4.50	18	7.88	36	12.43	52.71	18.00
-40	1.09	-1	4.52	18.53	8.00	37	12.72	53	18.11
-35	1.34	0	4.66	19	8.10	37.96	13.00	54	18.50
-32.5	1.50	1	4.81	20	8.32	38	13.01	55	18.89
-30	1.64	2	4.96	21	8.55	39	13.31	55.27	19.00
-29	1.70	3	5.11	22	8.78	40	13.62	56	19.29
-28	1.77	4	5.27	22.9	9.00	41	13.93	57	19.70
-27	1.84	5	5.43	24	9.26	41.22	14.00	57.72	20.00
-25	1.99	6	5.53	25	9.51	42	14.25	58	20.12
-24.81	2.00	7	5.76	26	9.76	43	14.57	59	20.54
-23	2.14	8	5.94	26.93	10.00	44	14.90	60	20.96
-20	2.39	8.36	6.00	27	10.02	44.31	15.00	65	23.20
-18.71	2.50	9	6.11	28	10.28	45	15.23	68.75	25.00
-18	2.56	10	6.29	29	10.59	46	15.57	70	25.62
-15	2.85	11	6.48	30	10.80	47	15.92	75	28.23
-13.5	3.00	12	6.66	30.78	11.00	47.24	16.00	78.21	30.00
-10	3.32	13	6.86	31	11.06	48	16.27	80	31.03
-8.93	3.50	13.7	7.00	32	11.32	49	16.62	85	34.04
-5	3.79	14	7.06	33	11.59	50	16.99	86.53	35.00
-4.83	4.00	15	7.25	34	11.87	50.04	17.00	90	37.26
-4	4.11	16	7.46	34.48	12.00	51	17.36	94	40.00
-2	4.38	17	7.67	35	12.14	52	17.73	95	40.71

注：压力单位为 kgf/cm^2，$1kgf/cm^2 = 98.067kPa$。温度单位为℃。

附件 5　液体溶剂饱和蒸气压与温度的关系

温度/℃	饱和蒸气压/MPa				
	丙烷	正丁烷	异丁烷	正戊烷	异戊烷
-50	0.070	0.000	0.018		
-40	0.112	0.018	0.029	0.004	
-30	0.171	0.029	0.047	0.006	0.008
-20	0.244	0.047	0.072	0.009	0.013
-10	0.349	0.070	0.110	0.015	0.021
0	0.480	0.103	0.162	0.023	0.032
10	0.646	0.150	0.219	0.036	0.051
20	0.820	0.207	0.302	0.053	0.072
30	1.100	0.283	0.408	0.081	0.104
40	1.394	0.380	0.540	0.114	0.150
50	1.741	0.500	0.690	0.160	0.201
60	2.146	0.643	0.905	0.207	0.270
70	2.612	0.816	1.127	0.277	0.358
80	3.145	1.020	1.385	0.363	0.467
90	3.748	1.300	1.705	0.475	0.600

续表

温度/℃	饱和蒸气压/MPa				
	丙烷	正丁烷	异丁烷	正戊烷	异戊烷
100	4.201(96.81℃)	1.600	2.026	0.602	0.744
105		1.740	2.213	0.672	0.824
110		1.900	2.413	0.748	0.911
115		2.040	2.625	0.830	1.005
120		2.230	2.850	0.929	1.100
125		2.430	3.087	1.015	1.180
130		2.640	3.337	1.110	1.280
135		2.870	3.600(134.98℃)	1.228	1.450
140		3.110		1.347	1.581
145		3.370		1.510	1.790
150		3.640		1.609	1.940
155		3.747(152.01℃)		1.800	2.100
160				1.905	2.188
165				2.068	2.362
170				2.240	2.546
175				2.422	2.739
180				2.614	2.943
185				2.817	3.156
190				3.031	3.280(187.8℃)
195				3.256	
200				3.331(196.62℃)	

附件6　临界条件附近正丁烷温度、压力与密度的关系

温度/℃	压力/MPa(绝)					
	3.0	3.5	4.0	4.5	5.0	5.5
71	527	530	531	533	534	534
82	514	516	517	518	520	521
93	497	499	501	503	504	506
104	479	483	485	487	489	492
116	462	464	466	470	473	476
127	427	435	439	444	451	456
138	90(气相)	401	410	414	421	429
149	78(气相)	117(气相)	335	360	381	398
160	71(气相)	97(气相)	146(流体)	252(流体)	320(流体)	340(流体)
171	65(气相)	85(气相)	111(流体)	150(流体)	213(流体)	267(流体)
182	61(气相)	78(气相)	96(流体)	121(流体)	152(流体)	197(流体)
193	57(气相)	73(气相)	88(流体)	103(流体)	127(流体)	160(流体)
204	53(气相)	70(气相)	81(流体)	97(流体)	113(流体)	137(流体)
216	51(气相)	66(气相)	77(流体)	90(流体)	107(流体)	120(流体)
227	50(气相)	63(气相)	73(流体)	85(流体)	104(流体)	115(流体)
238	49(气相)	61(气相)	69(流体)	79(流体)	101(流体)	107(流体)
249	48(气相)	58(气相)	66(流体)	75(流体)	99(流体)	102(流体)
260	46(气相)	58(气相)	56(流体)	63(流体)	71(流体)	97(流体)

附件7 临界条件附近异丁烷温度、压力与密度的关系

温度/℃	压力/MPa(绝)					
	3.0	3.5	4.0	4.5	5.0	5.5
71	495	498	501	502	502	503
82	474	476	480	482	483	488
93	454	455	459	462	465	468
104	417	423	429	433	439	445
116	373	387	400	405	412	418
127	86(气相)	324	346	362	375	385
138	77(气相)	107(气相)	252(流体)	298(流体)	327(流体)	346(流体)
149	69(气相)	94(气相)	128(流体)	183(流体)	266(流体)	292(流体)
160	64(气相)	90(气相)	107(流体)	139(流体)	183(流体)	231(流体)
171	61(气相)	83(气相)	96(流体)	116(流体)	146(流体)	182(流体)
182	58(气相)	78(气相)	87(流体)	105(流体)	127(流体)	152(流体)
193	55(气相)	73(气相)	80(流体)	97(流体)	114(流体)	133(流体)
204	53(气相)	69(气相)	76(流体)	91(流体)	106(流体)	122(流体)
216	51(气相)	64(气相)	69(流体)	85(流体)	99(流体)	113(流体)
227	49(气相)	60(气相)	66(流体)	80(流体)	93(流体)	106(流体)
238	47(气相)	56(气相)	64(流体)	77(流体)	88(流体)	101(流体)
249	45(气相)	53(气相)	61(流体)	73(流体)	83(流体)	96(流体)
260	44(气相)	51(气相)	59(流体)	70(流体)	80(流体)	92(流体)

附件8 临界条件附近正戊烷温度、压力与密度的关系

温度/℃	压力/MPa(绝)					
	3.0	3.5	4.0	4.5	5.0	5.5
116	527	527	529	531	533	534
127	512	514	515	517	518	520
138	496	501	502	503	504	506
149	476	479	482	484	487	490
160	457	460	463	466	468	472
171	424	432	437	443	448	452
182	377	397	407	413	421	425
193	105(气相)	320	356	373	389	400
204	89(气相)	140(流体)	231(流体)	307(流体)	342(流体)	357(流体)
216	80(气相)	116(流体)	160(流体)	223(流体)	277(流体)	307(流体)
227	76(气相)	100(流体)	132(流体)	161(流体)	216(流体)	255(流体)
238	71(气相)	90(流体)	117(流体)	141(流体)	177(流体)	211(流体)
249	67(气相)	81(流体)	105(流体)	128(流体)	151(流体)	178(流体)
260	64(气相)	77(流体)	96(流体)	116(流体)	136(流体)	157(流体)
271	61(气相)	74(流体)	89(流体)	108(流体)	125(流体)	142(流体)
282	58(气相)	70(流体)	83(流体)	100(流体)	115(流体)	131(流体)
293	56(气相)	66(流体)	78(流体)	94(流体)	108(流体)	121(流体)
304	53(气相)	64(流体)	75(流体)	88(流体)	101(流体)	113(流体)

附件9　同类装置典型事故汇总表

序号	名称	时间、地点	事故经过	事故损失	事故原因	防范措施
1	液面指示失灵	1990年某厂溶剂脱沥青车间	开工阶段因沥青汽提塔液面指示失灵，造成渣油满塔至溶剂分液罐、低压空冷器堵塞	影响开工进度	沥青汽提塔液面指示失灵	（1）汽提塔顶增加隔断阀、旋风分离器 （2）做好仪表检测工作
2	原料泵预热阀故障	1995年1月19日某厂溶剂脱沥青车间	因原料泵预热阀内漏严重，装置于1995年1月20日切断进料，高压系统热循环，1月24日白班装置重新投料，恢复正常生产	造成装置停工	原料泵预热阀杆断裂	（1）对于关键设备，应做好大修的检测更新工作 （2）加强现场巡检
3	沥青汽提塔顶着火	1991年1月16日中班某厂溶剂脱沥青车间	装置开工，柴油循环过程中沥青汽提塔顶自燃着火及时扑灭	影响开工进度	柴油循环过程中，由于带水经升温汽化，由塔放空排空，并携带柴油溢流到塔的保温层中，当塔的进料温度达到310℃时，引起柴油自燃	（1）严格控制柴油进塔温度，不能过高 （2）加强巡检
4	溶剂组成变重，影响产品质量	1995年3月某厂溶剂脱沥青车间	溶剂组成变重，对脱沥青油残炭产生很大影响，质量多次不合格，直到4月上旬方才正常	产品质量超标、影响出厂	由于原料中含有较多轻油（初馏点220～260℃，350℃馏出3%～5%，柴油成分多）溶剂受到污染	（1）严格控制原料中350℃馏出指标，不能过高 （2）加强对溶剂组成的测试与监控
5	火炬线窜渣油	1997年4月4日某厂溶剂脱沥青车间	装置因断料，闭路循环过程中，当原料罐满时渣油窜进装置内火炬线分液罐，继而窜至火炬线系统，造成火炬线窜渣油	对全厂火炬线的安全运行造成重大负面影响	（1）由于改流程时界区阀没关，进料控制阀关不严导致渣油窜进原料罐 （2）原料罐液位指示失灵	
6	溶剂压缩机启动前未切水，造成设备损坏	1974年7月8日13时35分，某厂溶剂脱沥青车间	班长和操作员启动压缩机时，因切水阀手轮销拿掉了，阀门打不开，班长同意在不切水的情况下启动，结果设备刚一启动便将水吸入，造成设备损坏	压缩机缸体、曲轴、曲轴箱损坏，压缩机报废，直接经济损失6万元	未按规定在开车前切水	（1）阀门各部件应保持完好 （2）启动压缩机应严格遵守操作规程
7	罐区液化石油气泄漏爆燃	1988年10月22日1时7分，某炼油厂油品车间	10月21日23时40分，当班一名操作工和班长在3号区914号球罐进行开阀脱水，误操作致使水和液化气一起排出，通过污水池大量外逸，跑出的液化石油气与附近工棚内明火相遇引起爆炸	死亡26人，烧伤15人，事故直接经济损失9.8万元	未按操作法操作，未关闭脱水包的上游阀，就打开脱水包的下游阀，在球罐内有0.4MPa压力的情况下，边进料边脱水	（1）严格按照规程操作 （2）加强巡检，发现问题，及时联系处理，避免事件扩大

续表

序号	名称	时间、地点	事故经过	事故损失	事故原因	防范措施
8	温度计表撕裂泄漏溶剂	某厂溶剂脱沥青车间开工现场	某主管工程师进行巡检时，发现框架周围一片白雾。当即用蒸汽将液态烃吹散，并爬上换热框架查找原因。原来换热器出口管线上的现场温度计表已撕裂并有大量溶剂从表盘漏出。他立即指挥人员迅速将溶剂系统降压，炉子熄火，及时处理了这起事故隐患	影响开工进度	（1）开、停工过程温度、压力、流量变化大，造成焊口开裂 （2）设备质量差	（1）装置检修应保证质量 （2）加强对工艺管道的管理和焊口的检查 （3）使用合格设备
9	液体溶剂泄漏引发爆炸事故	1984年1月1日凌晨5时32分，某石化公司石油七厂催化车间气分装置	当日5时26分，在岗工人突然听到气分塔区发出泄压的尖叫声，确认为溶剂泄漏后，当班班长一边命令紧急熄火停炉，一边打电话向厂部调度室汇报，话音未落，爆炸发生	事故造成85人伤亡，其中5人死亡，18人重伤，直接经济损失252万元	溶剂抽出线（*DN*80）焊口断裂，原因： （1）焊接质量低劣，有严重的夹渣和未焊透现象 （2）开停工试压时的压力、流量变化大，造成焊口开裂	（1）装置检修应保证质量 （2）加强对工艺管道的管理和焊口的检查 （3）加强职工对瓦斯、液化气危害性、危险性的认识，制定必要的防范措施
10	电缆沟爆炸	1985年10月13日7时40分，某石化公司炼油厂溶剂脱沥青车间	当时，下班人员正开班后会，泵房西侧室外电缆沟突然一声爆响，盖板被掀开，火随后从电缆沟里冒出。附近参加检修的人员紧急扑救，8分钟后扑灭	直接经济损失8841元	（1）溶剂泵电机电缆长期被油、水浸泡，绝缘损坏，铜线裸露，造成单相接地短路，发生崩烧 （2）电缆沟内积聚有大量可燃性气体	电缆沟内不能积油积水
11	蒸汽解冻液化气阀门，油气喷出爆炸着火	1975年12月24日18时45分，某炼油厂热裂化车间	交接班时，接班者发现液态烃罐下的2英寸切水阀冻结，交班者用蒸汽对着阀门边吹边开，当开到四圈半时，大量液化气喷出，遇加热炉明火爆炸着火	死亡3人，烧伤14人，直接经济损失7700元	岗位工人违反操作规程	对关键的设备阀门在入冬前应搞好保温防冻；对已冻结的设备附件，不能用大量蒸汽进行加温，而应用热水或小量蒸汽慢慢融化，在解冻过程中，禁止开阀门
12	软化水罐焊燃	1995年6月9日某厂溶剂脱沥青装置	该软化水罐液面计上部前手阀后有一砂眼，安装公司人员对其进行补焊时，该罐发生爆燃	罐基础松动，底部有三处焊口开裂	瓦斯加热器内漏，少量瓦斯进入凝结水罐，因罐内有隔油挡板，部分可燃气被水相隔油板封闭其中，动火前未将液面计前手阀关闭，致使可燃气遇明火产生瞬间爆燃	（1）动火安全措施要完备 （2）定期检查各加热器使用情况，一旦发现内漏及时处理
13	压缩机汽缸冷却水套冻裂	1996年12月某厂溶剂装置	对冬季停用的压缩机进行检查时发现汽缸冷却水套冻裂	冷却水套冻裂经补焊后投入使用	压缩机停用时将冷却水停用，由于冷却水套内淤泥太多，水未放净，遇严寒天气结冰时缸套冻裂	（1）冬季压缩机停用时冷却水保持畅通 （2）压缩机房内设暖气，冬季保持暖气畅通

续表

序号	名称	时间、地点	事故经过	事故损失	事故原因	防范措施
14	溶剂冷却泄漏	1997年8月11日某厂溶剂装置	操作工巡检时忽听冷换区一阵刺耳的气体喷出的声音，循声前往发现溶剂泵出现溶剂过冷器管箱与壳体间法兰垫片坏，大量溶剂漏出	装置临时停工2小时	（1）当时溶剂泵正在试运，出口压力偏高 （2）由于长时间未检修，垫片老化	（1）采用调频电机降低溶剂泵出口压力 （2）加强设备检查与定期维护
15	炉出口至沥青蒸发塔段管线焊口裂	某厂溶剂装置	正常生产中操作工巡检发现炉出口至沥青蒸发塔段某处管线漏出沥青，进一步检查发现焊口裂	装置临时停工	焊接质量差	（1）严把焊接质量关 （2）加强巡检
16	溶剂罐出口法兰与管线焊口出现裂纹	某厂溶剂装置	正常生产中，操作工巡检发现溶剂罐出口处溶剂味较浓，仔细观察发现漏点	临时停工	法兰与管线材质不同	（1）法兰与管线材质要相同 （2）严把焊接质量关
17	沉降塔热电偶穿孔	某厂溶剂装置	开工时发现沉降塔（又称二次萃取塔）顶热电偶穿孔	开工推迟	焊接质量差	严把焊接质量关，对于高压含溶剂介质的管线，检修完毕后对新焊口应全部探伤检查
18	溶剂罐出现鼓包	1994年某厂溶剂装置	巡检时发现溶剂罐封头处出现鼓包现象	紧急停工	溶剂中硫化氢含量高，设备防腐能力差	（1）对溶剂罐进行热处理，提高防腐能力 （2）采用内部喷防腐涂层的办法提高防腐能力 （3）加强硫化氢含量监测，对加工高含硫原料的装置应考虑增加脱硫措施
19	炉过热蒸汽管内漏	1997年3月4日某厂溶剂装置	停工阶段对加热炉进行检查时发现炉膛有水滴到地面上，进一步检查发现0.3MPa过热蒸汽管内漏	无直接经济损失	（1）炉管焊接质量差 （2）炉顶烟气腐蚀较严重	加强焊接质量的检查监督
20	萃取塔顶加热器内漏	1997年3月11日某厂溶剂装置	操作人员巡检时发现萃取塔顶加热器疏水放空有油	装置临时停工6小时	设备制造质量差	设备订购时加强质量检验
21	压缩机二段出口瓦鲁碎	1997年5月23日某厂溶剂装置	操作人员巡检时发现压缩机二段出口振动加剧，机房溶剂味较浓	更换瓦鲁一个	瓦鲁阀片质量差	（1）压缩机入口温度控制在指标范围内 （2）加强配件质量监督和巡回检查
22	萃取塔顶冒黑油	1997年11月某厂溶剂装置	司泵工巡检时发现脱沥青油变黑，汇报班长后，检查脱沥青油采样口时看到黑油，遂紧急降量处理	（1）加工量稍降 （2）沥青改不合格线3小时	（1）来料性质变化大 （2）萃取塔界面计失灵 （3）操作人员判断失误，未根据萃取塔温度梯度和溶剂罐液面变化及时做出准确判断	（1）界面计保持准确 （2）与上游车间加强联系，及时掌握原料变化情况 （3）加强巡检，综合分析溶剂罐液面、萃取塔温度梯度、放样等的变化判断界面实际情况

续表

序号	名称	时间、地点	事故经过	事故损失	事故原因	防范措施
23	溶剂冷却器内漏	1997年7月4日某厂溶剂装置	萃取操作员巡检发现溶剂罐液面下降较快，同时萃取塔界面正常；据此判断溶剂有内漏现象，进一步检查溶剂冷却器下水有溶剂波纹	换芯子	（1）芯子防腐能力差 （2）溶剂中硫化氢含量较高，形成显著腐蚀	（1）对溶剂冷却器进行整体热处理 （2）采用不锈钢芯子 （3）加强溶剂中硫化氢含量监测 （4）加工高含硫原料的装置应增加脱硫措施
24	溶剂泵基础爆燃	1996年9月23日某厂溶剂装置	夜班接班20分钟突然听到一声巨响，操作人员迅速赶到现场，发现备用溶剂泵处起火，在通知消防队、车间领导等有关人员的同时班长组织用灭火器灭火，约2分钟后火被扑灭，随即发现该泵底座地脚螺栓松动，基础有部分土石被炸开	由于该泵当时为备用泵，未造成直接经济损失	（1）该泵长期以来一直存在密封泄漏问题，经多次处理状况未有大的改观，由于溶剂比空气重，积聚在底座内的溶剂逐渐达到其爆炸极限 （2）密封泄漏产生静电引爆混合可燃气	（1）溶剂泵更换密封解决泄漏问题 （2）溶剂泵底座定期用蒸汽驱赶可燃气
25	扫线罐进溶剂	1993年12月某厂溶剂装置	装置停工前期溶剂循环阶段，巡检发现渣油扫线罐出现出汗现象，后检查发现预混(稀释)溶剂漏进渣油扫线罐	跑损溶剂约1吨	停工时预混(稀释)溶剂阀门虽关，但控制阀副线阀内漏，没有及时发现	（1）更换预混内控制阀副线阀 （2）停工时，停原料前先停预混(稀释)溶剂后检查是否存在漏量
26	检修换垫片时管线内余压伤人	1991年4月某厂溶剂装置	两职工更换污油线上阀门大盖垫片时，管线内余压将大盖顶出，使一人脸部轻微擦伤	轻伤一人	（1）停工吹扫不彻底，管线内有油气和余压 （2）拆卸螺栓前未按规定将阀门打开	（1）吹扫消灭死角 （2）检修阀门时一定要按规定将阀门打开
27	燃料油罐突然冒油	1987年11月某厂溶剂装置	操作员巡检发现燃料油罐顶冒油，该罐当时正在收油，组织回收岗位立即停止收油，并清扫卫生	损失燃料油0.5吨	司炉工当天烧扫线罐内油时，操作失误，回油仍到燃料油罐，由于扫线罐内水未切净，进入燃料油罐，而同时该罐在收油，油温高达180℃导致发生突沸冒罐事故	（1）明确燃料油罐和扫线罐专罐专用，不得互窜 （2）收油前燃料油罐切水检查，收油时要降低燃料油温度并控制收油速度
28	溶剂冷却器内漏致仓库爆炸	1993年10月22日9时35分，某总厂溶剂脱沥青车间	车间保管员打开办公室一楼楼梯间小仓库，准备进房取粉笔，刚一开灯，仓库发生爆炸	二人死亡，二人轻伤	溶剂冷却器内漏，溶剂气体漏入循环水中，又从循环水管泄漏处从地下漏入仓库形成爆炸性气体，开灯引爆	（1）溶剂冷却器定期查漏 （2）定期检查循环水，凝结水带油、溶剂情况

附件 10　道路石油沥青行业标准

交通部道路(JTG F40—2004)石油沥青技术要求

<table>
<tr><th rowspan="2">指标</th><th rowspan="2">单位</th><th rowspan="2">等级</th><th colspan="17">沥青标号</th><th rowspan="2">试验方法[1]</th></tr>
<tr><th>160 号[4]</th><th>130 号[4]</th><th colspan="3">110 号</th><th colspan="5">90 号</th><th colspan="5">70 号[3]</th><th>50 号[3]</th><th>30 号[4]</th></tr>
<tr><td>针入度(25℃，5s，100g)</td><td>0. 1mm</td><td>—</td><td>140~200</td><td>120~140</td><td colspan="3">100~120</td><td colspan="5">80~100</td><td colspan="5">60~80</td><td>40~60</td><td>20~40</td><td>T 0604</td></tr>
<tr><td>适用的气候分区</td><td>—</td><td>—</td><td>注[4]</td><td>注[4]</td><td>2-1</td><td>2-2</td><td>3-2</td><td>1-1</td><td>1-2</td><td>1-3</td><td>2-2</td><td>2-3</td><td>1-3</td><td>1-4</td><td>2-2</td><td>2-3</td><td>2-4</td><td>1-4</td><td>注[4]</td><td></td></tr>
<tr><td rowspan="2">针入度指数 PI[2]</td><td rowspan="2">—</td><td>A</td><td colspan="17">-1. 5~+1. 0</td><td rowspan="2">T 0604</td></tr>
<tr><td>B</td><td colspan="17">-1. 8~+1. 0</td></tr>
<tr><td rowspan="3">软化点(R&B)不小于</td><td rowspan="3">℃</td><td>A</td><td>38</td><td>40</td><td colspan="3">43</td><td colspan="3">45</td><td colspan="2">44</td><td colspan="2">46</td><td colspan="3">45</td><td>49</td><td>55</td><td rowspan="3">T 0606</td></tr>
<tr><td>B</td><td>36</td><td>39</td><td colspan="3">42</td><td colspan="3">43</td><td colspan="2">42</td><td colspan="2">44</td><td colspan="3">43</td><td>46</td><td>53</td></tr>
<tr><td>C</td><td>35</td><td>37</td><td colspan="3">41</td><td colspan="5">42</td><td colspan="5">43</td><td>45</td><td>50</td></tr>
<tr><td>60℃动力黏度[2]不小于</td><td>Pa · s</td><td>A</td><td>—</td><td>60</td><td colspan="3">120</td><td colspan="3">160</td><td colspan="2">140</td><td colspan="2">180</td><td colspan="3">160</td><td>200</td><td>260</td><td>T 0620</td></tr>
<tr><td rowspan="2">10℃延度[2]不小于</td><td rowspan="2">cm</td><td>A</td><td>50</td><td>50</td><td colspan="3">40</td><td>45</td><td>30</td><td>20</td><td>30</td><td>20</td><td>20</td><td>15</td><td>25</td><td>20</td><td>15</td><td>15</td><td>10</td><td rowspan="2">T 0605</td></tr>
<tr><td>B</td><td>30</td><td>30</td><td colspan="3">30</td><td>30</td><td>20</td><td>15</td><td>20</td><td>15</td><td>15</td><td>10</td><td>20</td><td>15</td><td>10</td><td>10</td><td>8</td></tr>
<tr><td rowspan="2">15℃延度不小于</td><td rowspan="2">cm</td><td>A、B</td><td colspan="15">100</td><td>80</td><td>50</td><td rowspan="2">T 0605</td></tr>
<tr><td>C</td><td>80</td><td>80</td><td colspan="3">60</td><td colspan="5">50</td><td colspan="5">40</td><td>30</td><td>20</td></tr>
<tr><td rowspan="3">蜡含量(蒸馏法)不大于</td><td rowspan="3">%</td><td>A</td><td colspan="17">2. 2</td><td rowspan="3">T 0615</td></tr>
<tr><td>B</td><td colspan="17">3. 0</td></tr>
<tr><td>C</td><td colspan="17">4. 5</td></tr>
<tr><td>闪点不小于</td><td>℃</td><td></td><td colspan="5">230</td><td colspan="5">245</td><td colspan="7">260</td><td>T 0611</td></tr>
<tr><td>溶解度不小于</td><td>%</td><td colspan="18">99. 5</td><td>T 0607</td></tr>
<tr><td>密度(15℃)</td><td>g/cm3</td><td colspan="18">实测记录</td><td>T 0603</td></tr>
<tr><td colspan="20">TFOT（或 RTFOT)后[5]</td><td rowspan="2">T 0610 或 T 0609</td></tr>
<tr><td>质量变化不大于</td><td>%</td><td colspan="18">±0. 8</td></tr>
</table>

续表

指标	单位	等级	沥青标号								试验方法[1]
			160号[4]	130号[4]	110号	90号		70号[3]	50号[3]	30号[4]	
残留针入度比(25℃)不小于	%	A	48	54	55	57	61	63	65		T 0604
		B	45	50	52	54	58	60	62		
		C	40	45	48	50	54	58	60		
残留延度(10℃)不小于	cm	A	12	12	10	8	6	4	—		T 0605
		B	10	10	8	6	4	2	—		
残留延度(15℃)不小于	cm	C	40	35	30	20	15	10	—		T 0605

注：1. 试验方法按照现行《公路工程沥青及沥青混合料试验规程》(JTJ 052—2000)规定的方法执行。用于仲裁试验求取 PI 时的 5 个温度的针入度关系的相关系数不得小于 0.997。

2. 经建设单位同意，表中 PI 值、60℃动力黏度、10℃延度可作为选择性指标，也可不作为施工质量检验指标。

3. 70 号沥青可根据需要要求供应商提供针入度范围为 60~70 或 70~80 的沥青，50 号沥青可要求提供针入度范围为 40~50 或 50~60 的沥青。

4. 30 号沥青仅适用于沥青稳定基层。130 号和 160 号沥青除寒冷地区可直接在中低级公路上直接应用外，通常用作乳化沥青、稀释沥青、改性沥青的基质沥青。

5. 老化试验以 TFOT 为准，也可以 RTFOT 代替。

附件 11　同类装置生产数据汇总表

表 1　装置概况

序号	厂名（装置简称）		加工能力				2004 年开工天数/天	建设日期		设计单位		占地面积/m^2	投资		目前主要设备概况					
			初建设计/（万 t/a）	2004 年改造后/（万 t/a）	2004 年度加工量/（万 t/a）	负荷率/%		投产 年月	改造 年月	初建	改造		初建 万元	改造 万元	塔	加热炉	冷换设备	机泵	容器	其他
1	燕山		35.0	70.0	66.19	94.56	366	1970.10	2002.09	北京院	燕化院	5626	851	2172	10	1	61	27	23	—
2	济南		10.0	50.0	26.93	53.87	251	1986.11	1999.04	北京院	本单位	7560	351	1800	14	1	51	28	21	—
3	洛石化		80.0	80.0	60.63	75.79	366	2002.12	—	洛阳院	—	—	—	—	2	2	25	37	17	5
4	南阳		15.0	20.0	18.20	91.02	348	1994.10	2001.11	油田院	洛阳院	9600	0	1800	9	2	24	20	13	2
5	九江		50.0	50.0	16.97	33.93	191	2004.06	—	本单位	—	6816	9152	—	5	2	33	26	13	3
6	荆门		20.0	40.0	31.56	78.89	337	1973.11	1992.06	北京院	北京院	5000	750	1000	10	1	57	31	24	2
7	高桥	Ⅰ	20.0	28.0	未开工	—	—	1970.09	1981	本单位	本单位	—	—	—	14	1	13	26	19	—
		Ⅱ	25.0	28.0	15.07	53.82	194	1984.07	—	本单位	—	2000	957	—	9	1	26	20	14	—
8	金山		30.0	50.0	42.58	85.16	353	1995.05	2002.12	洛阳院	洛阳院	3520	—	—	2	2	39	24	17	5
9	镇海		60.0	60.0	49.73	82.89	366	1996.12	2002.06	本单位	本单位	4905	—	—	3	2	34	31	15	0
10	广州		60.0	60.0	66.39	110.65	366	1989.11	—	北京院	—	8925	6426	—	3	3	32	40	22	—
11	茂名	Ⅰ	20.0	20.0	25.90	129.48	366	1982.11	1988.09	本单位	本单位	7000	590	—	9	1	15	25	11	—
		Ⅱ	20.0	20.0	4.66	23.32	75	1988.09	—	本单位	—	—	590	—	9	1	15	24	11	—

表 2　主要技术经济指标

序号	厂名（装置简称）	动力消耗						能耗/（kgEo/t）	丙烷（丁烷）/（kg/t）	现金操作费用/（元/吨）	单位加工费/（元/吨）	含油污水/（mg/L）	排污合格率/%	非计划停工		馏出口合格率/%	上报事故/次
		新鲜水/（t/t）	循环水/（kg/t）	电/（kW·h/t）	1.0MPa 蒸汽	燃料气/（kg/t）	燃料油/（kg/t）							总天/天	总次/次		
	合计	0.11	4.30	18.48	0.17	14.70	1.38	30.59	1.42	47	64.11	75.1	98.93	0	0	99.67	0
	上市	0.11	4.30	18.48	0.17	14.70	1.38	30.59	1.42	47	64.11	75.1	98.93	0	0	99.67	0
	非上市																
1	燕山	0.01	8.64	17.88	0.18	8.42	0.00	27.83	1.87			126.2	99.17	0	0	100.00	0
2	济南	0.00	10.57	19.05	0.14	13.41	0.85	31.55	0.30		47.30	130.0	100.00	0	0	100.00	0
3	洛石化	0.01	10.00	22.08	0.06			31.03				80.0	96.00	0	0	100.00	0
4	南阳	0.23	2.30	22.70	0.20	14.56		37.61	1.79			68.5	96.98	0	0	97.70	0
5	九江	0.19	0.50	28.04	0.10	27.87		38.28				52.1	100.00	0	0	100.00	0
6	荆门	0.09	6.48	22.84	0.22	6.37	1.14	31.89	1.83	73	74.33	98.0	100.00	0	0	99.21	0
7	高桥Ⅱ	0.82	5.24	20.76	0.21	8.08	3.08	33.94	0.95			3.8	100.00	0	0	100.00	0
8	金山	0.00	0.35	7.91	0.60	13.09		22.23				9.5	100.00	0	0	99.59	0
9	镇海	0.39	0.21	17.66	0.09	23.73		31.58	1.01	53	74.55	62.0	100.00	0	0	100.00	0
10	广州	0.01	0.05	16.66	0.06	23.20	0.80	33.40		28	66.18	18.6	99.15	0	0	99.85	0
11	茂名 Ⅰ	0.16	0.00	18.76	0.18	3.14	5.49	27.31	1.68	54	46.86	126.5	97.90	0	0	99.84	0
	茂名 Ⅱ	0.16	0.00	18.76	0.18	3.14	5.49	27.31	1.68	54	46.86	126.5	97.90	0	0	99.80	0

表 3　物料平衡

序号	厂名（装置简称）	加工量/（t/a）	轻脱沥青油		重脱沥青油		脱沥青油		半沥青		沥青		损失	
			产量/（t/a）	收率/%	产量/（t/a）	收率/%	产量/（t/a）	收率/%	产量/（t/a）	收率/%	产量/（t/a）	收率/%	产量/（t/a）	收率/%
	合计	4248121	506611	11. 93	894662	21. 06	1200344	28. 26	90955	2. 14	1446208	36. 40	9064	0. 21
	上市	4248121	506611	11. 93	894662	21. 06	1200344	28. 26	90955	2. 14	1446208	36. 40	9064	0. 21
	非上市													
1	燕山	661929	314330	47. 49	108470	16. 39					138481	36. 02	648	0. 10
2	济南	269333	46130	17. 13	55634	20. 66			27407	10. 18	140162	52. 04		
3	洛石化	606345					414017	68. 28			190648	31. 44	1680	0. 28
4	南阳	182038	23329	12. 82	93445	51. 33			63548	34. 91	1601	0. 88	115	0. 06
5	九江	169659					60582	35. 71			107330	63. 26	1471	0. 87
6	荆门	315561	69863	22. 14	101096	32. 04					143973	45. 26	629	0. 20
7	高桥Ⅱ	150660					62345	41. 38			88164	58. 52	151	0. 10
8	金山	425806					225762	53. 02			199331	46. 81	712	0. 17
9	镇海	497312					221788	44. 60			272530	54. 80	2994	0. 60
10	广州	663875			447361	67. 39	215850	32. 51					664	0. 10
11	茂名Ⅰ	258961	42945	16. 58	76848	29. 68					139168	53. 74		
		46642	10014	21. 47	11808	25. 32					24820	53. 21		

表 4 原料性质

序号	厂名(装置简称)	原油名称	原料密度(20℃)/(kg/m³)	软化点/℃	闪点/℃	针入度(25℃ 100g)/(1/10mm)	黏度(100℃)/(mm²/s)	500℃馏出/%	残炭/%	胶质(沥青质)/%	丙烷溶剂组成						丁烷溶剂组成					
											C_1/%(v)	C_2/%(v)	C_3^0/%(v)	$C_3^=$/%(v)	$\geq C_4$/%(v)	含油量/%(v)	$<C_3$/%(v)	C_3/%(v)	$25C_4$/%(v)	$i-C_4$/%(v)	$C_4^=$/%(v)	$>C_4$/%(v)
1	燕山	减渣									0.00	0.00	91.13	8.84	0.03	0.00	0.00	0.09	32.21	11.36	56.16	0.18
2	济南	减渣油浆	985.4		926		532.50	8	15.33	34.93	0.00	0.28	94.28	2.19	3.24	0.00						
3	洛石化	减渣					330.41	12									4.65	10.69	12.44	64.83	3.71	0.30
4	南阳	减渣	943.6					6	9.41		1.02	0.56	85.71	2.71	10.10	0.00						
5	九江	减渣	993.3				763.80	4	16.01								8.77	8.68	11.28	32.93	36.66	1.68
6	荆门	减渣	960.6	32	290	500.0	445.80	7	12.38	16.45	0.00	1.22	77.09	0.00	21.69	0.10						
7	高桥Ⅱ						870.40		18.03		0.62	0.24	89.91	9.19	0.04							
8	金山	减渣							16.30				8.51				2.38		84.73			
9	镇海	混合	987.3				35.32		15.84	28.80							0.70	0.15	11.85	54.66	29.97	2.67
10	广州	减渣	984.5			180.1	456.40	10	14.05	15.91							1.16	2.51	25.83	68.21	0.33	1.96
11	茂名 Ⅰ	阿曼	987.6		321	300.0			14.87		1.86	2.03	90.25	0.00	2.46							
	茂名 Ⅱ	沙特	1001.4		325	300.0			18.74		1.92	1.83	90.15	0.00	2.47							

表 5　成品、半成品理化性质

序号	厂名（装置简称）	轻脱沥青油				重脱沥青油			脱沥青油			沥青		
		密度/（kg/m^3）	黏度/（mm^2/s）	闪点/℃	残炭/%	密度/（kg/m^3）	黏度/（mm^2/s）	残炭/%	密度/（kg/m^3）	黏度/（mm^2/s）	残炭/%	软化点/℃	针入度/（1/10mm）	伸长度/cm
1	燕山				3. 10			3. 10				44		
2	济南	921. 7	25. 49	221	1. 54	931. 6	34. 56	2. 88				50	45. 0	125. 0
3	洛石化								932. 40		6. 08	46		
4	南阳	858. 8			0. 62	932. 6		5. 70				64		
5	九江								940. 50		3. 20	72	11. 0	8. 0
6	荆门	914. 1	34. 31	292	1. 53	927. 8	100. 00	3. 74				57	62. 0	84. 9
7	高桥Ⅱ										1. 85	62		
8	金山								948. 30	56. 15	5. 00	62	18. 0	0. 3
9	镇海										4. 33			
10	广州								945. 56	85. 74	5. 32	50	79. 1	100. 0
11	茂名Ⅰ	906. 4	28. 94	293	1. 26			18. 17				49	46. 0	
		908. 7	26. 67	292	1. 42			20. 89				49	51. 0	

表 6　萃取系统

序号	厂名（装置简称）	萃取系统											临界回收系统			
		原料入塔温度/℃	溶剂入塔温度/℃	预稀比/w	溶剂比/w	萃取塔温度			沉降		界面/%	萃取塔压力/MPa	临界塔压力/MPa	临界塔温度		
						顶部/℃	中部/℃	底部/℃	顶部/℃	底部/℃				入口/℃	顶部/℃	底部/℃
1	燕山	98	35	0.00	2.70	52	48	40			50	3.60	3.50	112	111	111
2	济南	110	42	0.00	2.70	61	44	43	68	67	30	3.65	4.25	96	96	96
3	洛石化	140	88		6.00	110	110	110	110	110	60	3.70	4.50	235	234	236
4	南阳	83	33		3.40	47	44	33	88	80	20	3.80	4.32	117	114	116
5	九江	130	135		2.85	130		124	143	121	47	4.00	4.93	227	236	230
6	荆门	90	45	0.50	2.67	56	51	42	72	71	40	4.15	4.09	102	101	101
7	高桥Ⅱ	103	38	0.47	4.42	63	60	50			40	4.20	4.00	93	98	93
8	金山	139	79		3.30	180		211	268	277	50	4.60	5.50	260	260	260
9	镇海	142	100		2.60	135	137	131			45	4.00	4.80	235	200	223
10	广州	156	118		3.11	124	124	124	135	135	65	3.91	4.81	240	240	240
11	茂名Ⅰ	94	45		2.80	70		45	76	61		4.50	4.13	96	96	94
		93	45	1.15	2.71	70		52	77	63		4.52	4.15	96	96	94

表 7　中压蒸发回收系统

序号	厂名（装置简称）		沥青蒸发塔				轻脱油蒸发塔				换热塔			
			温度			压力/MPa	温度			压力/MPa	温度			压力/MPa
			进料/℃	顶部/℃	底部/℃		进料/℃	顶部/℃	底部/℃		进料/℃	顶部/℃	底部/℃	
1	燕山		225	218	220	1.56	123	120	125	1.53	92	115	190	1.52
2	济南		240	235	237	1.65	100	105	130	1.64	70	110	135	1.64
3	洛石化		238	313	307	0.60	236	225	232	0.60				
4	南阳		265	264	267	1.80	148	146	148	1.80	130	130	185	1.80
5	荆门		240	227	238	2.30	145	137	141	2.30				
6	高桥Ⅱ		235	223	234	1.80	155	151	155	1.90				
7	茂名	Ⅰ	265	250	265	2.05	90	100	125	2.05	115	105	200	2.05
		Ⅱ	265	250	263	2.05	87	100	125	2.05	105	105	210	2.05

表 8 低压蒸发系统

序号	厂名（装置简称）	沥青汽提塔			轻脱油汽提塔			脱沥青油汽提塔			重残脱油汽提塔			胶质汽提塔		
		顶部/℃	底部/℃	压力/MPa	顶部/℃	底部/℃	压力/MPa	顶部/℃	底部/℃	压力/MPa	顶部/℃	底部/℃	压力/MPa	顶部/℃	底部/℃	压力/MPa
1	燕山	200	215	0. 13	165	175	0. 12				175	185	0. 12			
2	济南	165	235	0. 08	100	125	0. 08				105	130	0. 08			
3	南阳	215	256	0. 15	143	148	0. 15	180	185	0. 15						
4	九江	286	300	0. 65				226	212	0. 65						
5	荆门	169	231	0. 16	116	127	0. 16									
6	高桥Ⅱ	180	229	0. 08	120	141	0. 08									
7	金山	265	270	0. 70				180	210	0. 60						
8	镇海	249	293	0. 66					208	0. 55						
9	广州	290	290	0. 70				227	227	0. 70				250	250	0. 70
10	茂名 Ⅰ	210	255	0. 08	105	120	0. 08				115	195	0. 08			
	茂名 Ⅱ	200	255	0. 08	95	115	0. 08				95	198	0. 08			

表9 其他

序号	厂名（装置简称）	沥青加热炉				脱沥青加热炉					胶质加热炉					溶剂罐	
		进口温度/℃	出口温度/℃	出口压力/MPa	炉热效率/%	进口温度/℃	出口温度/℃	出口压力/MPa	炉热效率/%	排烟温度/℃	进口温度/℃	出口温度/℃	出口压力/MPa	炉热效率/%	排烟温度/℃	温度/℃	压力/MPa
1	燕山	70	225	1.70	86.8											33	1.40
2	济南	67	245	1.85	90.5											38	1.62
3	洛石化	130	315	2.80		125	235	4.50		176						32	0.56
4	南阳	86	264	1.80	80.0	108	122	1.80	83.5	283						20	0.50
5	九江	193	298	2.82	84.0	193	238	4.95	81.4	163						43	0.56
6	荆门	97	240	1.20	85.0											40	1.78
7	高桥Ⅱ	65	235		86.0											42	1.80
8	金山	165	280	2.80	84.0	160	190	4.40	83.0	232						45	0.50
9	镇海	193	294	2.45	91.3	165	235	4.65	91.2	140						45	0.50
10	广州	125	290	3.05	88.3	135	240	5.00	90.2	161	135	252	3.01	88.5	200	45	0.69
11	茂名Ⅰ	75	262	2.40	88.0											45	1.85
		75	265	2.40	87.5											45	1.85

附件12　相关概念

（1）冷却

用取热的方法使物质的温度降低而不发生相变化的过程。

（2）冷凝

通过取走热量使气态物质在某一特定的温度和压力下转变成液态的相变化过程。

（3）凝固

通过取走热量使液态物质在某一特定的温度和压力下转变成固态或失去流动状态的相变化过程。

（4）蒸发

液体在受热或减压下变成气体的过程。

（5）溶质

溶解于溶液中的较少量的物质。

（6）溶剂

溶解溶质的物质为溶剂，一般在溶液中占多量。

（7）溶液

由两种或两种以上不同的物质组成的均匀液相体系。

（8）溶解

溶质与溶剂混合形成均匀溶液的过程称为溶解。

（9）溶解度

在一定温度和压力下，溶质在一定量溶剂中被溶解的最大数量。常用100g溶剂中所溶解的溶质的克数来表示。

（10）相

在系统中物理和化学性质完全均匀的一部分称为一相。如气相、液相、固相。

（11）界面

两相间的接触表面成为界面，在界面上两相处于平衡状态。界面有固-固、液-液、气-固、气-液、液-固五种类型。

（12）液面

容器中液相与气相相交的界面叫液面。

（13）萃取

是利用溶剂对混合物中各种组分具有不同选择性溶解能力的特性，提取或分离混合物中理想组分的过程。

（14）选择性

在溶剂萃取过程中溶剂对混合物中某些组分有选择性溶解特性。

（15）熔点

物质由固态转变为液态的温度。

（16）凝固点

将油品放在标准试管中按规定条件降温冷却，当试管倾斜45°时油品失去流动性的最高温度。

（17）沸点

纯物质在一定压力下加热，当其饱和蒸气压与外界压力相等时的温度叫作这种物质在这一压力下的沸点。

(18) 泡点

油品(混合物)在加热后出现的第一个气泡时的温度，叫作该油品的泡点。

(19) 露点

混合气体冷却后出现第一个小液滴时的温度叫作该气体的露点。

(20) 温度

表示物质冷热的程度，其量的单位常用℃、K和℉。

(21) 压力

物质单位面积受到的压强。单位有Pa等。

(22) 残炭

残炭是指在规定的实验条件下，将油品等有机物质隔绝空气加热，经蒸发、裂解、缩合等复杂反应后，最终形成的黑色固体残余物，以质量分数表示。它是衡量石油产品等在高温下结焦倾向的重要指标。不同标准测试方法有所差异，如康氏残炭、兰氏残炭、微量残炭法等。

(23) 黏度

物质分子相对移动时分子间产生内摩擦力的性质叫作该物质的黏滞性。衡量黏滞性大小的标志叫作黏度。

(24) 动力黏度

把面积为$1m^2$，相距为1m的两个平衡液面保持移动速度为1m/s时所需的力叫作动力黏度，用“μ”表示，如果这个力为1N，则其动力黏度为1Pa·s。

(25) 运动黏度

油品在某一温度下的动力黏度与同一温度下密度的比称为这个油品的运动黏度。用υ表示，单位为m^2/s。

(26) 相对密度

某物质在20℃时的质量与同体积的水在4℃时的质量比叫做该物质的相对密度，记做d_4^{20}。

(27) 密度

在一定温度、压力下，单位体积中某物质的质量称为该物质的密度。常用单位有kg/m^3。

(28) 闪点

油品加热，其油气与空气的混合物达到爆炸下限遇火即产生瞬间爆炸，随即熄灭时油品的最低温度称为闪点。闪点分为“开口”和“闭口”两种，测定轻油用“闭口闪点”，测定重油可用“开口闪点”，闪点低表示油品挥发性大，危险性大，闪点在45℃以下为易燃油品。

(29) 燃点

当可燃性液体(如烃类或石油产品)加热达到某一温度时，引火后所生成的火焰不再熄灭，这时的最低温度称为燃点。

(30) 自燃点

如果将油品预先加热到很高的温度，然后使之与空气接触，则无须引火油品即可因剧烈的氧化而产生火焰自行燃烧，这称为油品的自燃。能发生自燃的最低温度称为自燃点。

(31) 爆炸极限

可燃气体和空气混合后达到一定的浓度范围时，遇火即能发生爆炸，这个范围中可燃气体的最小浓度称为爆炸下限，最高浓度则称为爆炸上限，用体积百分数表示。

(32) 脱沥青油

减压渣油中除去胶质、沥青质后组成相对较轻的油组分。其在化学组成上富含碳链较长的或较多支链的饱和烃、芳烃。

(33) 萃取物

萃取过程中溶于溶剂中的油组分和溶剂的混合物。

(34) 胶质

是渣油中复杂的烃类化合物和非烃类衍生物，具有复杂的稠芳环，含有硫、氧、氮的环烷环和杂环结构，受热或在氧化条件下而缩合生成沥青质甚至生成不溶于油的油焦质(焦炭状物质)。胶质具有很强的着色能力，能以真溶液溶于石油产品中。

(35) 沥青质

是渣油中碳氢比最大，缩合程度很高的复杂烃类和非烃衍生物，具有相当复杂的稠环芳烃和含有氧、硫、氮的杂环结构，能溶于芳香烃形成胶体溶液，不溶于石油醚和低分子烷烃，沥青质中含有较多镍、钒等对裂化催化剂污染的重金属物质。

(36) 沥青

是沥青质、胶质和油分形成的混合物，主要由胶质构成，但沥青质起骨架作用(在沥青中占 20%以上)，油分或蜡分则占少数。

(37) 软化点

以(5±0.5)℃/min 的速度加热沥青，当它达到某一温度时能使 ϕ9.35mm，重(3.5±0.05)g 的钢球穿过固定在内径 19mm、高 25.4mm 的铜环上的沥青层下落到底板，这个温度就叫作沥青的软化点。沥青中沥青质含量越高，软化点越高。

(38) 针入度

在 25℃时用 100g 荷重组使一根标准针以垂直方向插入沥青块，5 秒后针的插入深度即为针入度。单位为 1/10mm。针入度的大小表示了沥青的稠度。

(39) 延度(伸长度)

将沥青注入可以拉开的 8 字模块中，在某一温度下，以每分钟 5cm 的速度向相反的方向拉伸。沥青丝被拉断前的长度称为该温度下的延度。用 cm 表示。

(40) 临界状态

物质气液平衡共存的一个边缘状态，物质在临界温度和临界压力下，气液平衡界面消失，分不出是气态还是液态，此时液体密度和饱和蒸气密度相同。

(41) 临界温度(T_C)

物质能处于液态的最高温度。

(42) 临界压力(P_C)

在临界温度下能使气体液化的最低压力。

(43) 热传导

发热体和受热体直接接触，通过分子运动进行热量传递的一种形式。

(44) 热对流

借助载热物质的流动来传递热量的过程。

(45) 热辐射

发热物体的热能不通过任何介质也不用接触的方法而直接向另一物体传递热能的过程。

(46) 蒸气压

在某一温度下，液体与在它液面上的蒸气呈平衡状态时，由此蒸气所产生的压力称为饱和蒸气压，简称为蒸气压。在相同的温度条件下，不同的物质有着不同的蒸气压，其蒸气压越高，表明液体越容易汽化。

参 考 文 献

[1] 林世雄．石油炼制工程[M]．北京：石油工业出版社，1988.

[2] 沈复，李阳初．石油加工单元过程原理[M]．北京：中国石化出版社，1996.

[3] 谈天恩，麦本熙，丁惠华．化工原理[M]．北京：化学工业出版社，1990.

[4] 侯祥麟．中国炼油技术[M]．北京：中国石化出版社，2001.

[5] 中国石油天然气集团人事服务中心．轻烃装置操作工[M]．北京：石油工业出版社，2004.

[6] 沈本贤．我国溶剂脱沥青工艺的主要技术进展[J]．炼油设计，2000，30(3)：5~8.

[7] 中国石油化工股份有限公司科技开发部．高硫原油加工工艺、设备及安全[M]．北京：中国石化出版社，2001.

[8] 侯芙生．炼油工程师手册[M]．北京：中国石化出版社，1990.

[9] 龙军，王子军，黄伟祁，等．重溶剂脱沥青在含硫渣油加工中的应用[J]．石油炼制与化工，2004(3).

[10] 张美菊，岑尉平，武献红，等．溶剂脱沥青高效萃取塔的应用[J]．河南化工，2007(4).

[11] 杨军朝，王万真，路永宇，等．萃取塔自身温度梯度调节的丙烷脱沥青技术[J]．炼油设计，2002(8).

[12] 张东杰．丙烷脱沥青工艺节能技术应用[J]．炼油设计，1993(5).

[13] 李多民，吴汉平．安全分析丙烷罐腐蚀原因分析与安全评定[J]．压力容器，2002(3).